SPATIAL
COMPUTING
An AI-Driven
Business Revolution

空间计算

Cathy Hackl　　　　Irena Cronin
［美］凯西·哈克尔　［美］伊雷娜·克罗宁◎著

任溶　桂曙光　杨鹏◎译

中信出版集团｜北京

图书在版编目（CIP）数据

空间计算 /（美）凯西·哈克尔，（美）伊雷娜·克罗宁著；任溶，桂曙光，杨鹏译 . -- 北京：中信出版社，2024.6

书名原文：Spatial Computing: An AI-Driven Business Revolution

ISBN 978-7-5217-6642-4

Ⅰ . ①空… Ⅱ . ①凯… ②伊… ③任… ④桂… ⑤杨… Ⅲ . ①人工智能 - 经济学 - 研究 Ⅳ . ① F-39

中国国家版本馆 CIP 数据核字（2024）第 105235 号

Spatial Computing: An AI-Driven Business Revolution
ISBN 9781394244416
Copyright © 2024 by Cathy Hackl and Irena Cronin
All rights reserved.
Authorized translation from the English language edition published by John Wiley & Sons Limited.
Responsibility for the accuracy of the translation rests solely with China CITIC Press Corporation and is not the responsibility of John & Sons Limited.
No part of this book may be reproduced in any form without the written permission of the original copyright holder, John Wiley & Sons Limited.
Copies of this book sold without a Wiley sticker on the cover are unauthorized and illegal.
Simplified Chinese translation copyright © 2024 by CITIC Press Corporation.
All rights reserved.
本书仅限中国大陆地区发行销售

空间计算
著者：　[美] 凯西·哈克尔　[美] 伊雷娜·克罗宁
译者：　任溶　桂曙光　杨鹏
出版发行：中信出版集团股份有限公司
　　　　　（北京市朝阳区东三环北路 27 号嘉铭中心　邮编　100020）
承印者：　北京联兴盛业印刷股份有限公司

开本：880mm×1230mm 1/32　印张：10.5　　字数：195 千字
版次：2024 年 6 月第 1 版　　印次：2024 年 6 月第 1 次印刷
京权图字：01-2024-3017　　　书号：ISBN 978-7-5217-6642-4
　　　　　　　　　　　　　　定价：69.00 元

版权所有·侵权必究
如有印刷、装订问题，本公司负责调换。
服务热线：400-600-8099
投稿邮箱：author@citicpub.com

—— 凯西·哈克尔 ——

谨将此书献给我的父亲路易斯·瓦雷拉（Luis Varela）大使，是他教会我拥有一个叛逆的灵魂、一种饥渴的求知欲和一颗探险家的心。我全心全意地爱你，亲爱的爸爸（西班牙语）！

我也将这本书献给所有在空间计算、AI、XR 和其他技术领域工作的女性。通过让技术变得更好，我们可以改变未来！

—— 伊雷娜·克罗宁 ——

为了纪念我的丈夫丹尼和他对科技的热爱。

目 录

推荐序
我们正处于全新空间现实的开端：
要么沉浸，要么死亡！———— VII

前 言
AI 与空间计算融合的前沿 ———— XI

第一部分
AI 驱动的空间计算的商业相关性

第 1 章　AI 革命：变革当前的商业 ———— 003
从亚里士多德的时代到现在 ———— 003
AI 应用和技术的演变 ———— 007
AI 软件的类别和类型 ———— 007
自然语言处理及其应用 ———— 008
计算机视觉及其在 AI 中的作用 ———— 012
机器学习和深度学习及其相关性 ———— 015

生成式 AI 及其创造性潜力 —— 018

计算机视觉与空间计算 —— 022

了解机器学习、深度学习与空间计算的交集 —— 025

生成式 AI 在空间计算中的作用 —— 028

利用 AI 的硬件公司 —— 030

拥有 AI 驱动解决方案的软件公司 —— 034

空间计算中 AI 驱动的决策 —— 037

AI 在空间计算中的商业效益 —— 040

借助 AI 和空间计算增强决策能力 —— 047

监管环境一览 —— 049

未来前景和准备 —— 050

结论：展望未来 —— 051

第 2 章 空间计算新时代的演进 —— 053

了解基础 —— 054

从科幻小说到商业现实 —— 055

空间计算如何运行 —— 057

超越对话 —— 063

当前应用 —— 070

挑战和机遇 —— 084

结论 —— 085

第 3 章 共生：空间计算与 AI —— 086

AI 驱动的空间应用概述 —— 088

商业益处和人类获得的其他益处 —— 110

AI 和空间计算的未来趋势 —— 120

结论 —— 124

第二部分
AI 驱动的空间计算时代的领导力

第 4 章 开拓性案例研究：交叉领域的领导者 —— 129

处于空间计算和 AI 交叉领域的大型科技公司 —— 129

使用 AR 和 AI 的公司 —— 135

自主机器人和自动驾驶汽车 —— 138

AI 设计 —— 142

空间计算的未来领导者 —— 147

第 5 章 新时代的决策与领导力 —— 149

未来思维和战略远见是关键技能 —— 154

当今的空间计算 —— 158

重新评估三维需求并加速创新 —— 160

整合 AI 并着眼于空间计算 —— 164

将关注点从 Web2.0 指标上转移 —— 166

开始规划感官设计 —— 167

重塑空间情景和格式 —— 169

第6章 用户体验革命 —— 171

用户体验革命简史 —— 172

AI 和空间计算如何重新定义客户参与 —— 174

虚拟化的 AI —— 175

空间计算是通往新体验的大门 —— 176

客户体验、用户体验、员工体验 —— 180

客户体验、用户体验和员工体验中 AI 驱动的空间计算 —— 184

品牌体验 —— 188

第三部分 战略、实施和未来

第7章 风险、挑战和道德问题 —— 193

风险 —— 195

挑战 —— 201

道德问题 —— 209

第 8 章 你的空间计算和 AI 路线图：从战略到实施及其他 —— 219

战略规划 —— 221

技术选择与整合 —— 223

实施 —— 226

监控和优化 —— 228

合规性与道德 —— 230

风险管理 —— 233

报告与沟通 —— 236

未来趋势和调整 —— 238

可持续发展和负责任的 AI —— 241

第 9 章 明天和未来 10 年：展望未来 —— 244

持续融入日常生活 —— 246

增强用户体验 —— 248

变革性应用 —— 251

道德和监管发展 —— 253

协作和连接 —— 256

文化和社会影响 —— 259

可持续发展和环境 —— 261

结论：拥抱 AI 驱动的空间计算 —— 264

致　谢 —— 267

注　释 —— 271

推荐序
我们正处于全新空间现实的开端：要么沉浸，要么死亡！

———————

随着 2023 年 Vision Pro（苹果公司研发的头戴显示设备）的发布，苹果公司迎来了下一个 iPhone（苹果手机）时刻。类似于 2007 年的革命（初代 iPhone 发布），苹果公司通过智能化、沉浸式空间计算平台再次改变了计算行为的轨迹。就像 2007 年时一样，世界再度焕然一新。一款全新的操作系统开启了全新的维度。这些无限的、分层的"画布"赋予了用户"超能力"。现在，在任何环境中，人们都可以凭借超凡的能力，在传统物理世界和数字世界之外的空间里与信息、内容以及他人交互。我们每天都可以进入前所未有的世界，体验在虚拟和增强领域中形成的奇妙世界。

但是，这还不是全部。在苹果公司推出 Vision Pro 大约 7 个月之前，OpenAI（美国人工智能研究公司）发布了 ChatGPT（一个聊天机器人模型），向大众介绍了生成式 AI（人工智能）。事实上，ChatGPT 迅速成为有史以来增长最快的消费互联网应用程序，在短短两个月内，其用户数量就跃升到约 1 亿。[1] 生成式 AI 也以自己的方式通过 AI 赋予用户"超能力"。事实上，大多数应用程序和平台都会自动将生成式 AI 整合为其用户界面的一部分，并将无缝融入数字体验。在空间计算的基础上，AI 驱动的体验通过为人类配备认知外骨骼、增强视觉和虚拟视觉以及在三维超现实空间中与计算机、机器人、数据以及他人交互来提升人类的潜力。

这就是故事的开始。

人类正在踏上未知的混合现实之旅，这是智能、沉浸式且超越现实的旅程。混合现实提升了人类的能力，在不断发展的混合维度中释放指数级的性能，取得前所未有的成就，促进物理世界与数字世界的联系。

凯西·哈克尔和伊雷娜·克罗宁将通过空间创新理念激发你的想象力，以创造新的世界、新的工作方式、新的学习模式、新的交流形式、新的探索途径以及梦想、记忆、发明、解决方案和演进的新方式,从而提供一个变革性的开端。

物理世界与数字世界之间的边界将由各位读者共同塑造。你们是这些未知世界的建筑师,是发现这些世界的天文学家,是探索这些新领域的开拓者。你们的愿景将引领空间设计、体验和人类潜力的新篇章。

我们现在生活在一个多么虚拟的世界啊!

我们要么沉浸其中,要么走向死亡!

布赖恩·索利斯(Brian Solis)

数字未来学家、人类学家

前言
AI 与空间计算融合的前沿

这场讨论的核心是一个关键时刻,它将重塑我们对世界的认知。融合的核心是两股强大力量的结合——AI 与空间计算,后者以 AR(增强现实)和 VR(虚拟现实)为代表。这种融合象征着创新和创造力之间错综复杂的交织,为我们带来了全新的视角,使得数字世界与现实物理世界之间的互动得以实现。如果没有 AI,空间计算就不可能实现,而随着生成式 AI 的涌现,空间计算将得到进一步增强。

这种融合不仅仅是技术的汇集,更代表着我们开启了一扇全新时代的大门,迈过一个通往未知可能性的门槛。它将 AI 卓越的数据处理能力与 AR 和 VR 的沉浸式实力结合，创造出一种动态的协同效应。这种伙伴关系预示着一个变革性的未来，我们将会更加直观和无缝地与数字信息及周围的世界互动，超越传统的界限，实现物理领域和数字领域之间的联结。

有趣的是，这种融合的影响范围远远超出了技术领域。它涉及我们日常生活的方方面面，涵盖了我们如何接受教育、参与娱乐、获得医疗健康服务，以及做出购物决定等诸多领域。这种变革性转变不仅改变了我们与技术互动的方式，还重新定义了商业格局。

从商业角度来看，其影响是深远的。利用这项技术的企业将通过向客户提供引人入胜的沉浸式体验来获得竞争优势。想象一下医疗领域，AR 可以通过向外科医生提供实时数据来彻底改变手术的方式；再想象一下零售行业，VR 可以为顾客提供虚拟试衣服务。此外，AI 的分析能力将帮助人们做出更明智的决策，这是当今风云变幻的商业格局中令人垂涎的资产。

本书的前言部分为我们后续探索 AI 和空间计算奠定了坚实的基础。在整个讨论过程中，我们将探究其关键组成部分、实际应用场景以及其对各个领域产生的深远影响。接下来本书将深入研究有望重塑数字世界与物理世界之间界限的技术融合，让我们见证迅猛发展的现在，以及充满机遇、创新和希望的未来。

搭建舞台

要真正理解这种融合的意义，我们首先需要将其与过去的变革性发明进行比较。历史上不乏技术创新改写人类体验的标志性时刻。回顾第一张照片的突破性发明，它让时间的瞬间变得永恒，并彻底改变了视觉叙事的方式。随后，第一部电影的问世将叙事搬上银幕，开启了娱乐和艺术表达的新时代。

这些历史上的里程碑彻底改变了我们看待世界的方式。如今我们再次发现自己正站在 AI 与空间计算的交汇点上，这些技术即将深刻地重塑我们的生活，就像过去的革命性发明重塑我们的生活一样。就像第一张照片改变了我们记录和珍惜记忆的方式一样，AI 和空间计算正在改变我们对现实的感知。与电影改变娱乐行业的格局类似，AR 和 VR 正在引入全新的沉浸式体验。

此外，如同第一台电视的问世永远改变了我们与世界的互动方式，AI 和空间计算正在打破物理领域与数字领域之间的壁垒。这些技术使我们能够以之前无法想象的方式与信息和环境进行互动。

这种融合不仅仅是技术的演进，更意味着我们与世界互动方式的深刻变革。它有能力重新定义我们的现实，模糊虚拟世界与物理世界之间的界限。它为我们的日常生活走向与 AI 和空间计算无缝交织的未来铺平了道路，开启了超出我们目前理解的可能性。当开始探索这些技术的变革潜力时，我们将会揭示它们如何重塑行业、重新定义体验，并推动我们进入一个充满无限创新和想象力的时代。

与众不同的 AI 时刻

在这个历史时刻，我们发现自己正处于两股独特的技术力量的融合之中，每股技术力量都处于其发展的关键阶段。一方面，AI 这项技术已经经历了一段相当长时间的非凡进化之旅。AI 的根源可以追溯到计算机科学和数学的诞生。多年来，它已经从抽象概念转化为实际应用，并演进为我们日常生活中不可缺少的一部分。

在本书中，我们将探讨 AI 的核心组成、实际应用及其对各个领域产生的深远影响。值得注意的是，计算机视觉是空间计算背后的驱动力。空间计算无缝融合了计算机视觉，通过理解物理世界并与之交互来创造沉浸式体验。这些技术超越了单纯的视觉范围，还包含在环境绘制和解释方面发挥重要作用的扫描技术。

此外，在空间计算的背景下，生成式 AI 的影响力怎么强调都不为过。这项技术带来了全新的三维创意，能够生成沉浸式和交互式的三维内容，让空间计算的世界变得更丰满。在本书中，我们将进一步探索这些技术之间深刻的相互作用及其变革潜力。

AI 的故事以重要的里程碑为标志，从早期的专家系统（一种由 AI 驱动的软件，模仿特定领域人类专家的决策专业知识）到当前的机器学习、深度神经网络和通用 AI。一路走来，它推动了自然语言处理、图像识别和预测分析等方面的创新，彻底改变了我们的生活和工作方式。为 AI 提供支撑的算法和模型变得越来越复杂，为各行各业的复杂决策、自动化和个性化提供了有力的支撑。

在一条平行的道路上，我们遇到了以 AR 和 VR 为代表的空间计算，其正处于从进化阶段向革命阶段过渡的边缘。虽然 AR 和 VR 已经发展了一段时间，但它们现在已经准备好超越其小众起点，并获得更广泛的主流应用。这一关键时刻标志着其从早期小众爱好者到更广泛、更多样化用户群体的转变，具有重要意义。

这种融合的独特之处在于 AI 对空间计算的深度参与。这不仅仅是技术的共存，它们协同的力量将会重塑我们的世界。这种融合是无与伦比的，甚至超越了历史上的一些革命性事件，比如电力或工业革命对历史的影响。虽然这些过去的里程碑重塑了行业并加速了进步，但当前的融合超越了行业和基础设施的范畴，重新定义了人类生存的本质。

除了应用于计算机视觉之外，AI 凭借其复杂的数据分析、预测和决策能力，已经融入了我们的生活。它微妙地影响着我们的选择，从我们关注的内容到我们选择的产品，它通常在幕后运行以提升我们的体验。AI 已成为我们日常决策中的一个无声无息但无时不在的伙伴，不断帮助我们提高效率、个性化程度和便利性。

与此同时，空间计算凭借其无缝融合数字世界和物理世界的能力，增强了我们与技术的互动。这不仅为我们的物理现实提供了数字覆盖，更让我们能够生活在一个有情境感知的沉浸式数字环境中。在这个空间维度中，数字与物理之间的界限消失了，一种互动和参与的新途径开启了。

这一时刻标志着从被动消费技术到主动参与数字世界的转变，从仅仅观察数字领域到亲身居住其中的转变。AI与空间计算的融合不仅将重新定义我们的日常体验，还将重新定义工作、教育、医疗服务和娱乐的本质。

本质上，这种融合代表了AI（一种正在不断发展的技术）与空间计算的变革潜力的融合。它为未来铺平了道路，未来不仅技术发达，而且将更加深刻地实现以人为本。这是一个有望实现前所未有的创新和变革的时刻，与历史上其他任何时刻都不同，在这个时刻，数字世界和物理世界的结合创造了一个人类潜力无限的现实。这是一个超越时间和空间的时刻，它定义了一个创新和想象力相结合的时代，重新定义了人类互动和体验的真正本质。

难忘的过去：第一张照片、第一部电影、第一台电视

在历史的长河中，让我们回到那个捕捉瞬间的概念本身就是一场革命的时代。第一张照片的创作无疑是视觉表现方式的巨大转变。它赋予了人类捕捉瞬间并使之永存的强大能力，否则这一瞬间可能会消失在历史的迷雾中。通过照片，我们发现了一种捕捉生命短暂之美的方法，以有

形的形式为子孙后代留下珍贵的记忆。

在这个里程碑之后,第一部电影的诞生标志着我们传达和保存故事的能力取得了更大的飞跃。这项技术奇迹是叙事的"催化剂",使我们能够以曾经仅限于梦境的方式体验故事。电影成了娱乐的中心,成为一种通过讲故事的通用语言弥合差距以及将人们联系起来的媒介。它将灯光昏暗的剧院变成了通往新世界的大门,使观众能够坐在舒适的座位上前往遥远的地方和过去的时代。

然后,随着第一台电视被打开,人类历史上的另一个里程碑——电视开始闪烁。这是一个将世界直接引入我们的客厅的起始,有效地创造了一扇通往外部世界的窗户。获取信息和娱乐仅靠阅读书籍和听收音机的日子已经一去不复返了。电视打破了交流的障碍,让世界各地的事件以视觉的方式展现在我们眼前。新闻、艺术、文化和娱乐等内容不再遥远。现在,这些节目内容让更多的观众可以看到,从而丰富了人们的生活,并拉近了世界各地人与人之间的距离。

过去的这些历史时刻深刻地展示了技术变革的力量。它们阐明了创新如何不断重塑我们的世界,重新定义我们如何捕捉、体验和传达自身存在的本质。如今,以 VR

和 AR 为代表的 AI 和空间计算的融合也预示着一场深刻的变革，它将会重塑我们对数字世界和物理现实的感知以及我们与之互动的方式。这种融合不仅仅是一种技术演进，更代表了一种范式的转变，开启了通向未来的一扇大门，让现实世界与虚拟世界之间的界限变得更加模糊。它带领我们进入一个创新与想象力无限的时代，而且我们的存在几乎神奇地与 AI 和空间计算的世界无缝交织在一起。

VR 和 AR 的黎明

如今，我们正处于一场技术革命的前沿，这令人不禁想起之前更早出现的范式转变。在这种情况下，VR 和 AR 的出现激发了我们集体的想象力。这些变革性技术正在重新定义我们与世界互动和感知世界的方式。

VR 作为一项开创性的创新，赋予了个人进入完全数字化环境的独特能力。人们戴上 VR 头戴显示设备时，便融入了一个虚拟的世界，模糊了物理世界与数字世界之间的边界。这种沉浸感使用户能够探索各种合成的逼真的环境，从梦境般的场景到栩栩如生的训练场景。VR 的影响远远超出了单纯的娱乐范畴，已经渗透到游戏、职业培训甚至医疗服务等领域，它可以复制实现世界的真实场景以达到教育和技能拓展的目的。

相比之下，AR 采用了不同的方式。AR 不是将用户淹没在完全数字化的场景中，而是将数字元素叠加到我们的现实环境中。通过数字信息的增强，AR 提升了我们对物理环境的感知和理解。AR 为现实世界提供了个性化的数字覆盖，提供了增强我们体验的背景信息和见解。无论是通过实时方向来协助人们进行城市导航，还是在手术过程中为医疗专业人员提供重要的患者数据，AR 都将重新定义我们与周围环境互动的方式。

VR 和 AR 都超越了娱乐的范畴，在教育、医疗服务、工程和设计等各个领域取得了重大进展。在教育领域，VR 为学生提供了进入历史事件场景或人体内部运行场景的机会，将学习转变为沉浸式的难忘体验；在医疗服务领域，AR 可以让外科医生在手术过程中随时访问重要的患者数据，从而提高手术精度和保障患者安全；在建筑和设计领域，VR 和 AR 都有助于实时建模和可视化，帮助专业人员做出明智的决策并且使其更加有效地协作。

VR 和 AR 的出现不仅代表着技术的进步，更预示着我们学习、工作和娱乐的方式将发生根本性转变。这些技术开创了一个全新的时代，改善了体验式学习，提高了医疗实践水平，并对设计和工程等领域做出了革命性的贡献。随着人类对 VR 和 AR 潜力的探索，我们将了解它们如何塑造未来，如何创造数字世界和物理世界无缝共存的现实，如何以多种方式改善我们的生活。

空间计算的前景

在技术的最前沿，我们发现空间计算的非凡发展无缝融合了 AR 和 VR，这种融合有望重新定义我们对人机交互的理解。

空间计算的潜力远远超出了单纯的技术进步，它预示了我们在数字世界和物理世界的感知和交互方面的深刻革命。在这个沉浸式的领域里，数字元素和物理元素无缝融合，从根本上改变了我们处理数据、信息和面对周围世界的方式。

想象一下未来，数字信息与你所处的物理环境错综复杂地融合在一起。在这个空间维度里，数字元素摆脱了屏幕的限制，成为你周围环境中不可或缺的组成部分。无论你是在三维空间中进行复杂的数据集可视化、像操控有形物体一样操控虚拟物品，还是接收叠加在物理环境上的相关信息，空间计算都不仅可以增强工作、学习和休闲体验，还为我们提供了一个感知现实的全新视角。

AR 和 VR 的空间计算应用简直令人惊叹，它们有可能给很多职业带来革命性的转变。建筑师可以从草图无缝过渡到沉浸式三维模型，能够实时设计和让结构可视化；医疗从业者可以利用 AR 在手术过程中获取关键信息，从而提高精确度和安全性；在教育领域，AR 和 VR 开启了体验式学习的新时代，让学生能够在空间背景下近距离探究历史事件、科学现象或进行艺术创作，这使教育变得更加引人入胜和令人难忘。

此外，AR 和 VR 有能力重新定义协作和沟通。在空间领域，距离变得无关紧要。团队可以在共享的虚拟空间中轻松协作，无论现实的距离有多远，虚拟空间都可以帮助人们培养团队意识。这种协作潜力延伸到各个领域，包括设计领域，专业人员可以实时合作开展项目，而无须考虑他们的物理位置；在医疗健康领域，AR 和 VR 使远程医疗达到了新的高度，因为医疗专家可以通过 AR 叠加来指导手术过程，这突破了地理界限。

AR 和 VR 的前景远远超出了技术的范畴，它们重新定义了我们的现实并释放出无限的潜力。当跨过这个变革时代的门槛时,我们进入了一个数字与物理之间的界限消失的世界,这为众多的机会铺平了道路。在这个世界里,创新是无止境的,AR 和 VR 增强了我们生活的方方面面。这预示着未来现实和虚拟的无缝融合会创造更丰富、更沉浸的存在。

领导者的当务之急

在瞬息万变的技术领域,既有的企业领导者和那些渴望掌舵的人面临的不仅仅是选择,而是必须非常严肃地沉浸在本书提供的深刻见解之中。在这个技术融合飞速发展的时代,在这个不断变革的领域,技能熟练、信息灵通和拥有竞争力不仅仅是非常重要的事,而且是最重要的必要条件。

这一当务之急的核心是一个与技术世界中清晰可见的事实产生共鸣的基本真理:"AI 不会取代你的工作,但使用 AI 的人会取代你的工作。"这句简洁的陈述概括了我们当前现实的症结所在。它认识到人类专业知识不可替代的作用,同时强调人类智力与 AI 能力之间的共生关系。这不是人类与机器的问题，而是人类与AI合作来释放前所未有的潜力的问题。

在接下来的章节中，我们将开始广泛探索AI和空间计算的多方面前景。这次旅程将带我们全面了解它们的重要性、在各个领域的深远应用，以及如何熟练驾驭这一不断变化的领域所需的多方面技能。

AI与空间计算这些前沿领域的融合不仅仅是技术的融合，还代表着可能性和机遇的爆发。这些不是短暂的趋势，而是变革的力量，它们将会重塑行业、重新定义商业模式，并彻底改变我们与技术和整个世界互动的方式。

在这个不断变化的环境中，领导者肩负着重大责任。他们不仅有责任理解AI和空间计算的复杂性，而且有责任率先有效地利用它们的能力。拥抱这些前沿领域是保持创新先锋地位的关键，旨在引导企业走向一个未来，其中的适应性、创新性和技术流畅性是成功的基石。

作为领导者，你不仅仅要掌舵，还要具备在未知水域扬帆的远见和勇气，要充满信心地指导你的团队，要知道AI和空间计算的融合是这样一段不仅有望带来技术进步，还会带来以人为本的深刻变革的旅程。你还需要塑造一种组织文化，不仅为未来做好准备，还要准备在未来实现蓬勃发展。

未来充满了诱人的前景和令人兴奋的可能性。在这个时代，领导者不仅仅要管理变革，还要拥抱变革，以好奇心和勇气引领并抓住这些融合前沿的变革力量。未来的领导者懂得创新是无限的，通过拥抱变革，并利用 AI 和空间计算的能力，我们可以创造一个不仅技术先进而且以人为本的未来。让我们以坚定的决心和远见，踏上这段探索和转型之旅。未来正在向我们招手，我们必须做好迎接它的准备。

在下一节中，我们将揭示商业环境中空间计算的本质，并从探索其基本定义和所需的核心技术开始。

什么是空间计算

空间计算是很多商界人士在苹果公司于 2023 年 6 月发布 Vision Pro 设备时第一次听到的术语。但是，这并不是一个新术语。有人可能会说，我们的手机就是原始的空间设备。事实上，AR、VR、XR（扩展现实）和 AI 领域的很多专业人士多年来一直致力于空间计算。

为了理解空间计算的商业价值，我们首先必须为商业世界创建一个工作定义，并解释它将带来的市场机遇。

一旦这样做了，我们就可以了解商业和计算将如何变化，以便为这一转型做好准备。

很多人追溯到西蒙·格林沃尔德（Simon Greenworld）2003 年在麻省理工学院发表的硕士论文，在其中，空间计算首次被定义为学术术语。当时他还是麻省理工学院媒体实验室美学和计算小组的研究员。在论文中，他探讨了计算结构的空间环境，并这样定义空间计算："空间计算是人类与机器的交互，其中机器保留并操纵真实物体和真实空间的参照物。它是让机器在我们的工作和娱乐中成为更好伙伴的重要组成部分。"

他进一步定义："在人类与机器的交互中，机器保留并操纵真实物体和真实空间的参照物。在理想情况下，这些真实的物体和空间对用户具有优先意义。空间计算更关注体验的质量。在大多数情况下，这意味着设计的系统要突破屏幕和键盘的传统界限，而不会被束缚住，陷入一种界面或温和的模拟。为了让机器在我们的工作和娱乐中成为更全面的伙伴，它们需要加入我们的物理世界。它们将不得不操作我们操作的物体，而我们需要使用我们的物理直觉来操作它们。"

格林沃尔德的定义并非独一无二。很早的时候，曾是风险投资界和科技界宠儿的 Magic Leap（美国增强现实公司）的技术人员将他们正在打造的设备描述为空间计算设备。他们将空间计算定义为一种新的计算形式，利用 AI 和计算机视觉将虚拟内容无缝融入我们周围的物理世界。

他们通过一款名为 Magic Leap One 的设备做到了这一点。在 2018 年由前 CEO（首席执行官）罗尼·阿博维茨（Rony Abovitz）和其他几名重要的 Magic Leap 员工撰写的一篇题为《空间计算：给我们技术朋友的概述》的文章中，他们解释了该公司如何将空间计算定义为一种新的计算形式，让数字内容超越当今的二维屏幕和计算机的限制，并深入研究了其中的一些技术构件。[1] 从那以后，Magic Leap 就不再使用空间计算这个术语，而是使用 AR 一词，这一变化可以在其最近的媒体采访中和网站上看到。

在苹果公司 2023 年 6 月召开全球开发者大会（WWDC）期间，该公司公开表示，空间计算"将数字内容与物理世界无缝融合，同时让用户可以身处其中并与他人保持联系"。这一信息进一步反映在其网站和针对开发者的 visionOS（苹果的空间计算操作系统）资料中。

在 2023 年的 Meta Connect 开发者大会召开期间，Meta

公司宣布推出 Meta Quest 3（一款头戴显示设备），该产品采用新的芯片，使设备能够更好地穿过混合现实，通过先进的空间映射更好地扫描物理世界，以及实现虚拟物品的空间锚定，让佩戴者每次使用设备时都可以返回起点。Meta 公司的高管还谈到通过智能眼镜的发展迎来下一代计算平台，并表示该公司的新款眼镜将成为"未来很长一段时间内市场上最有价值的空间计算眼镜"。该公司还宣布了新的雷朋 Meta 智能眼镜，该眼镜将在 2024 年实现多模态，能够利用 AI 了解佩戴者周围的环境。

微软则将空间计算定义为设备感知周围环境并以数字方式表现这种感知的能力，以及在人机交互中提供新功能的能力。

AWS（亚马逊云计算服务）将空间计算定义为虚拟世界与物理世界的结合，通过将物理世界虚拟化，并将虚拟信息叠加到物理世界上，用户可以通过自然和直观的方式与数字内容进行交互。对 AWS 来说，这种结合增强了我们在物理或虚拟场景上进行数据可视化、数据模拟以及与数据交互的方式。亚马逊技术副总裁比尔·瓦斯（Bill Vass）在他的博文《预测未来的最佳方式是模拟未来》中表示，"空间计算是协作体验的动力"[2]。

英伟达公司通过 Omniverse 产品为其开发人员引入了空间框架，而 Niantic（一家游戏公司）通过其视觉定位系统（VPS）专注于空间映射，该系统使用户能够将虚拟物品放置在特定的现实世界位置，并让该物品持续存在，因此一个人可以留下一个物品供其他人寻找，从而使现实世界的全球桌上游戏变得栩栩如生。

为当今的商业世界定义空间计算

空间计算需要一个有效的定义，这样我们才能与这项新技术保持同步。一个可靠的定义将有助于我们理解空间计算在整个商业世界中的意义，以及它将如何影响商业、工作、教育、购物、休闲等领域的未来。

空间计算是人类与技术互动方式的下一次转变。它涉及 AI、XR、物联网（IoT）、传感器等一系列技术，以赋能和创造一种新的人机交互形式，比以往任何时候都更具沉浸感和影响力。空间计算将重塑目前固有的空间人机交互。换句话说，它将允许在三维空间进行人机交互，这有助于实现更真实的表现和互动。

空间计算使用与环境相关的信息，以实现对使用者来说最直观的操作方式。企业利用空间计算进行数字化转型，这将使它们在竞争中脱颖而出，并为它们在虚拟世界和物理世界日益融合的环境里成长起来的下一代中取得成功奠定基础。

空间计算将带来实用且有影响力的用例。它使得工作人员可以轻松地"随身携带"工作站，即一块无限的画布（一种屏幕替代形式）。通过 AI，空间计算将开创一种与计算机和其他机器交流的新方式，这些机器能够解释我们的世界，并实现人机交互的新范式。

现在，我们在手机上体验的初级 AR 正在为明天的空间计算播下种子。我们已经看到了空间计算用户界面的早期迹象。空间计算将消除障碍、缩短距离，并实现人类从未经历过的大规模协作。它将通过空间计算机在我们的物理空间中实现互联网及其数据的实体化。通过使用各种技术，空间计算机将了解佩戴者及其所处的物理空间，这反过来又可以实现实时更新和交互。它是"活的"。它让我们可以与计算机进行更直观、更自然的交互，让设备能够更好地理解、映射和驾驭我们的物理环境。这些设备能"看到"我们所看到的世界，并了解我们的世界。在某些方面，空间计算使我们能够像与物理世界互动一样轻松地与虚拟世界互动。

人类天生是空间生物,能够以立体的方式理解世界并与之互动,因此空间计算有望让我们回归空间思维。随着年龄的增长,当我们被迫将创造力平面化时,我们的空间思维往往会丧失。空间计算有望提升我们的生产力、效率和创造力,并促进我们与他人的交流。无论在商业领域还是在生活的其他方面,空间计算最终都可以帮助我们做出更好的决策。这是一种革命性的技术变革,我们的设备从必须挂在墙上、放在桌子上或拿在手中的静态设备,转变为开始淡入背景并让我们重新关注周围物理空间(尽管是增强的)的设备。

我们现在正在经历 AI 革命,与此同时,我们正处于一种新的计算范式的风口浪尖,物理和虚拟的东西无缝融合,为创造力、创新、人类连通性和新的工作方式创造了无限的可能性。这对人与技术的互动以及人与人之间的互动都会产生深远的影响。它消除了障碍,拉近了距离,并实现了共存。空间计算将迫使我们探索物理世界与虚拟世界之间的融合。换句话说,它将让我们使用的设备以及使用这些设备的方式融入我们日常生活的自然流程和模式。

空间计算将数字信息和体验带入物理环境。它会考虑佩戴者的位置、方向和背景以及周围的物体和表面。它使用一种新的先进的计算类型来理解与虚拟环境和佩戴者相关的物理世界。它通过使用新兴的接口设备来实现这一点，比如内置了摄像头、扫描仪、麦克风和其他传感器的可穿戴设备。新界面以手势和手指运动、视线追踪和语音的形式出现。GPS（全球定位系统）、蓝牙和其他传感器使创建包含物理环境的数字内容成为可能。

从购物到工作、从规划到娱乐，我们周围的世界将通过空间计算以新的方式与我们互动。这是计算、通信和三维空间融合的地方。空间计算可以实现高级手势识别（比如识别我们的手部动作并将其作为指令），并且用户的每只眼睛都可以看到分辨率高于 4K 的图像。

那么，这与 VR 和 AR 有何不同呢？空间计算似乎与 VR 或 AR 没有什么不同。AR 是将数字内容叠加到物理空间中，VR 是一个完全沉浸式的虚拟环境。XR 频谱是空间计算的一部分，但它不是其唯一的支撑技术。每个人都在考虑 AI、XR、传感器、物联网和新水平的连接。AI 是将空间计算带给大众的最重要的基础技术之一。

换句话说，空间计算是硬件和软件的结合，它使机器能够在我们不告知的情况下理解我们的物理环境。反过来，它使我们能够创建在物理环境和虚拟环境中都有用途的内容、产品和服务。空间计算是一种变革性的新技术，通过采用一系列技术将物理世界和虚拟世界无缝融合，使我们能够与机器人、无人机、汽车、虚拟助手等一起探索世界。

在关键技术进步的推动下，未来空间计算有望实现大幅增长。这些技术进步包括光学方面的巨大进展、传感器和芯片的小型化、真实描绘三维图像的能力以及空间计算硬件和软件的不断发展。在 AI 重大突破的支持下，这些创新将使空间计算在未来几年对大规模企业越来越具有吸引力。

以下是我们为商业专业人士提供的空间计算的工作定义。这个定义是本书第一作者凯西·哈克尔在 2023 年 11 月为《哈佛商业评论》撰写的一篇文章中首次使用的定义的改进版本，本书两位作者共同完善了该定义。

> 空间计算是一种不断发展的以三维世界为中心的计算形式，其核心是使用 AI、计算机视觉和 XR 将虚拟体验融入物理世界，从而使人摆脱屏幕的束缚，并使所有表面都成为空间界面。它让人、装置、计算机、机器人和虚拟生物在三维空间中通过计算来辨识方向。它开创了人与人交互以及人机交互的新范式，增强了我们在物理环境或虚拟环境中对数据进行可视

化、模拟和与之交互的方式,并将计算的范围从屏幕扩展到你所能看到、体验和了解的一切事物。

空间计算使我们能够与机器人、无人机、汽车、虚拟助手等一起探索世界,但它不仅限于一种技术或一种设备。它是软件、硬件和信息的混合体,使人类和技术能够以新的方式联结起来,它开创了一种新的计算形式,其对社会的影响可能比个人计算和移动计算对社会的影响更大。

为了厘清概念,我们还必须讨论空间计算不是什么。它不仅仅是 XR,也不仅仅是一款设备或一家公司。它是人类与技术互动方式的一次翻天覆地的变化。

当我们被问及空间计算与元宇宙(两位作者都写过相关文章,并对元宇宙进行过深入研究)等概念之间的区别时,耐克元宇宙工程总监安德鲁·施瓦茨(Andrew Schwartz)的一条推文指出了为什么空间计算可以带来变革,以及它与元宇宙有何不同。他写道:"如果互联网的组织原则是信息希望被共享,而元宇宙的组织原则是信息希望被体验,那么空间计算就是将创造这些体验所必需的工具融合在一起。"

空间计算是新技术变革的推动者,但它自身也由一系列技术所推动，我们将在下一节以及整本书中深入探讨这些技术。

空间计算涉及哪些技术

空间计算世界依赖于一系列基础技术来驱动其沉浸式体验。这些技术包括 AI 和内容创作工具，以及连接解决方案和云计算。在本节中，我们将探索这些技术及其在空间计算中的关键作用。在空间计算领域，数字世界和物理世界融合在一起，创造出非凡的体验。

AI 基础

AI 是空间计算的基石，包含多个子领域。

- 机器学习（Machine Learning，ML）：空间计算的支柱，使系统能够从数据中学习并适应，而无须进行明确的编程。它让机器可以识别模式、做出决策，并随着时间的推移提高其性能。在空间计算中，机器学习为 AR 导航中的路线规划等应用提供了支持，这些应用通过分析实时传感器数据为用户提供最高效和用户友好的路线。通过不断完善其对环境的理解，机器学习在增强用户体验方面发挥着关键作用。

- 深度学习（Deep Learning，DL）：机器学习的一个子集，专注于使用多层神经网络来对复杂模型进行建模。在空间计算中，深度学习能够创建处理大量数据的复杂模型，这对于 AR 和 VR 应用中的图像识别和对象检测至关重要。该技术增强了空间设备识别用户周围环境中的物体和空间并与之交互的能力。

- 强化学习（Reinforcement Learning，RL）：机器学习的一种形式，其中智能体通过采取行动和接收反馈或奖励来学习如何做出决策。在空间计算中，强化学习用于开发游戏和娱乐应用中的动态角色行为。它让角色能够根据用户的输入调整自己的动作，从而创造更具沉浸感和互动性的体验。此外，强化学习有助于空间设备中使用的实时决策过程，以改善用户交互。

- 程序化生成（Procedural Generation）：一种用于通过算法生成内容的技术，可以创建大量不同的风景、物体和场景。在空间计算中，程序化生成为沉浸式环境带来了动态且不断变化的维度。这项技术通常用于生成三维世界，使每个用户的体验都是独一无二的。它对于游戏、虚拟模拟和 AR 等应用至关重要，这些应用需要即时生成内容以保持新鲜度和多样性。

- 神经网络（Neural Networks）：受人脑结构启发的计算模型。它们是各种 AI 任务的基础，包括模式识别和数据分析。在空间计算中，神经网络有助于处理复杂的任务。例如，它们在计算机视觉中发挥着关键作用，能够识别现实世界中的物体和形状。这种功能对于在 AR 应用中增强物理环境非常重要，可以提供实时信息并增强用户理解。

- 计算机视觉（Computer Vision, CV）：一种让机器能够理解和解释来自物理世界的视觉信息的技术。在空间计算中，计算机视觉处于最前沿，它帮助空间设备识别用户周围的物体和空间，并与之交互。它在 AR 导航等应用中发挥着重要作用，可以将数字信息叠加到现实世界中，为用户提供实时方向和指引。

- 传感器技术（sensor technology）：传感器技术是空间计算的感觉神经系统，为设备提供感知物理世界的能力。空间设备配备了各种传感器，包括摄像头、陀螺仪、加速度计、GPS、光探测和测距（激光雷达）等。这些传感器采集与用户周围环境相关的数据，如运动、位置、光照水平甚至深度信息。在空间计算中，传感器在理解用户的环境和移动、促进精确跟踪、手势识别和物理空间映射方面发挥着关键作用。这些传感器是空间设备的眼睛和耳朵，使它们能够为用户提供实时的、环境感知的体验。无论是用于沉浸式游戏、AR 导航，还是用于工业环境的精确地图绘制，传感器技术对于创建动态体验和交互式空间体验都十分关键。

- 空间音频（spatial audio）：空间音频是空间计算领域沉浸式体验的无名英雄。它改变了我们感知声音的方式，让我们沉浸在与环境视觉协调一致的三维听觉情境之中。无论你是在探索虚拟世界、参加虚拟音乐会，还是在听 AR 讲故事，空间音频都可以为体验的听觉部分增加深度、维度和真实感。它可以让声音从空间中的特定位置发出，从而使用户产生方向感和距离感，甚至可以模拟不同环境的声学效果。空间音频不仅丰富了我们的娱乐体验和游戏体验，而且在训练模拟、虚拟会议和建筑设计中得到应用。这项技术彻底改变了我们与声音互动的方式，使音频成为沉浸式体验中不可或缺的一部分。

- 眼动追踪（eye tracking）：眼动追踪技术已经成为空间计算领域的游戏规则改变者，为了解用户的意图和兴趣提供了直接的窗口。通过精确监测眼球运动和注视方向，它可以实现用户与空间设备更自然、更直观的交互。从VR和AR到游戏和医疗健康应用，眼动追踪都可以增强用户体验。它让设备可以根据用户的视线进行调整，从而提供有针对性的信息，增强沉浸感，甚至提供个性化的内容。除了娱乐之外，眼动追踪在帮助行动障碍患者和协助诊断程序等医疗健康方面也具有很好的前景。借助这项技术，观看行为成为一种强大的工具，以之前我们难以想象的方式驾驭和塑造数字世界和物理世界。

- 语音识别（voice recognition）：在AI能力的推动下，语音识别技术已经成为让用户在空间计算中轻松交流的基石。借助语音的力量，用户可以自然地与空间设备进行交互，仅用声音就可以发出指令、提出问题并接收响应。AI算法是语音识别的基础，其使这些系统能够理解人类语言、口音和语境的细微差别。这项技术不仅为日常工作带来了便利，还为无障碍交流打开了大门，让具备各种能力的个人都能参与空间环境。无论是在AR界面导航、控制智能家居设备方面，还是在触手可及的实时语言翻译方面，AI增强的语音识别都已经成为连接人类意图与数字行动的桥梁。在快速发展的空间计算领域，语音识别就像一部交响乐，使我们的言语与我们想要的行动和体验协调起来。

- 异常检测（Anomaly Detection）：异常检测涉及识别数据中的异常模式或行为。在空间计算中，这项技术对于确保安全至关重要。通过分析传感器数据并识别异常情况，空间设备可以提醒用户潜在的问题。异常检测在与预测性维护相关的应用中尤为重要，它有助于预测设备故障并减少停机时间。

- 基于物理的模拟（Physics-Based Simulation）：基于物理的模拟对在空间计算中创建逼真、动态的虚拟环境来说十分重要。空间应用程序可以模仿现实世界的物理交互，增强用户的存在感和互动感。医疗培训模拟、建筑设计和游戏等应用程序利用这项技术来提供逼真的场景和用户体验。

- 优化算法（Optimization Algorithms）：优化算法是空间计算中简化流程和决策的基础。它们确保系统高效、有效地运行。在零售商店布局优化等应用中，这些算法会分析客户的移动数据，并帮助零售商通过优化商店布局和产品摆放来增强顾客的购物体验。

- 自然语言处理（Natural Language Processing，NLP）：自然语言处理使机器能够理解人类语言并与之交互。在空间计算中，自然语言处理促进了用户和空间设备之间的无缝交流。这对于涉及实时语言翻译的应用尤为关键，AR眼镜可以将口语即时翻译成字幕或音频，让讲不同语言的人可以轻松交流。

- 语言识别（speech recognition）：一种将口头语言转换为文本或可操作数据的技术。在空间计算中，这项技术有助于用户交互。它使用户能够发出语音指令并接收来自空间设备的响应，使语音控制界面成为AR和VR应用程序不可或缺的一部分。

- 生成式AI（Generative AI，GenAI）：一项为空间计算带来一个新的创造力维度的技术。它使应用程序能够创建三维内容和模拟，从而扩展了沉浸式体验的可能性。例如，在时尚设计和奢侈品领域，生成式AI可用于处理体积数据、分析供应链信息以及生成产品及设计的虚拟三维模型。

这些技术共同构成了空间计算的AI框架，为其注入了在现实世界中交互、适应和创新的能力。

与空间计算相关的其他关键技术

在空间计算的多层面世界中，沉浸式体验的实现还有赖于多项关键技术的共同支撑。这些技术包括内容创建和设计工具、渲染和图形技术、云和边缘计算、高速连接以及物联网集成。所有这些构件都在塑造空间计算的格局中发挥着独特而重要的作用，增强了视觉效果、计算能力，带来了更广泛的连通性等。我们要深入研究这些技术的重要性以及它们如何为空间计算生态系统赋能。

> 内容创建和设计工具：内容创建和设计工具是空间计算的沉浸式体验背后的工匠。它们使创作者能够构建交互式的、引人入胜的空间内容，包括虚拟世界、AR应用程序、三维模型等。这些工具有助于空间环境、物体和角色的设计，从而将数字元素无缝整合到物理世界中。内容创建和设计工具是空间艺术家的画笔和画布，能够将富有想象力的概念转化为有形的、可体验的现实。

> 渲染和图形技术：渲染和图形技术是使空间计算的真实视觉体验得以实现的画布。无论你是在探索虚拟情境，还是在与AR叠加的内容进行交互，视觉体验

的质量都取决于渲染和图形技术的实力。这些系统可以通过复杂的处理过程将数字信息转化为视觉上令人惊叹的表现形式，包括从光照和阴影到纹理和颜色的所有方面，确保你在空间领域中看到的内容不仅令人信服，而且令人惊叹。

▶ **云和边缘计算**：云和边缘计算是一对动态组合，能满足空间计算的计算和存储需求。云提供了复杂的空间体验所需的大量数据和处理能力，支持多个设备之间的无缝数据同步和获取。边缘计算使实时处理更接近空间设备，减少延迟并确保交互即时实现。它们共同创建了空间计算的支柱，提供计算能力和存储容量来实现其全部潜力。

▶ **5G 和 6G 连接**：5G（第五代移动通信技术）和新兴的 6G（第六代移动通信技术）连接是空间计算的超级高速公路，确保设备和云之间快速可靠的数据传输。这些技术能够支持信息的实时、无缝交换，从而实现高质量、低延迟的空间体验。无论是流式传输 AR 内容、虚拟项目协作，还是在共享虚拟空间中进行游戏，5G 和 6G 连接都是确保流畅和不间断连接的重要基础设施。

▶ **物联网集成**：物联网集成是将空间设备与更广泛的互联设备及系统联系起来的纽带。空间计算不仅仅涉及设备之间的交互，还涉及这些设备如何融入更大的互联技术生态系统。物联网集成让空间设备可以与智能家电、城市基础设施、医疗健康系统等进行通信。它通过创建一个协同工作的设备网络来改善我们的日常生活和体验，从而扩展了空间计算可以触达的可能性。

真实使用案例

下面介绍一系列引人注目的 AI 驱动的空间计算应用案例，从重新想象的导航到预测性维护，这些现实世界的案例充分展示了 AI 在塑造空间计算领域变革性体验方面所发挥的强有力的作用。

▶ **AR 导航**：AR 导航应用中的 AI 算法彻底改变了我们在周围环境中导航的方式。这些应用程序提供实时方向和基于位置的信息，将直观的视觉提示（如箭头和街道名称）叠加到用户的视野中。无论是在繁华的城市中寻找最快捷的路线，还是在陌生的地方发现隐藏的宝石，AI增强的导航都可以简化行程。

> **虚拟室内设计**：空间计算与AI相结合，改变了我们想象室内设计的方式。AI驱动的应用程序使用户能够将家中的家具和装饰可视化。通过使用计算机视觉来确定房间布局和设计偏好，这些应用程序可以提供量身定制的设计建议。对房主和室内设计师来说，这是一个游戏规则改变者，可以在进行任何实际更改之前提供不同设计的预览。

> **工业环境中的预测性维护**：工业环境中AI与空间计算的结合产生了预测性维护解决方案。AI算法可以分析来自机器和设备的传感器数据，在潜在故障发生之前进行预测。通过减少停机时间和提高运营效率，该应用为企业节省了时间和资源，最终提高了生产力。

> **医疗培训模拟**：医疗健康专业人员正在VR环境中采用AI驱动的模拟操作。这些模拟操作为医疗从业者提供了一个无风险的环境来进行手术和程序练习。通过提供真实的反馈来增强这些场景，AI使医疗健康服务的提供者能够改进他们的手术技能，最终提高患者的安全性、缩短恢复时间和改善术后护理水平。

> **零售店布局优化**：AI在零售业有一个深度的应用，

即优化商店布局和产品摆放。通过使用空间计算分析客户的移动模式，零售商可以创造既有吸引力又有利可图的购物体验。AI 帮助零售企业提升购物者流量，并使产品摆放与客户行为保持一致。

> 时尚设计和奢侈品行业：时尚设计和奢侈品行业利用 AI 优化供应链、跟踪不断变化的时尚趋势并对设计进行革命。时尚界的 AI 融合了计算机视觉来处理体积数据，以实现准确的匹配和精确性。机器学习有助于分析供应链数据和改进流程，而生成式 AI 引入了三维虚拟模型，从而改变了时尚设计领域的格局。

> 智慧城市规划：AI 是城市规划信息化背后的驱动力，它分析来自整个城市的传感器和摄像头采集的数据。空间计算有助于这些数据的可视化，帮助城市规划者在交通管理、基础设施发展和公共安全等方面做出明智的决策。AI 可以确保城市的管理得到优化，以实现高效和可持续的发展。

> 实时语言翻译：AI 和空间计算的协同作用促进了实时语言翻译的发展。由 AI 驱动的 AR 眼镜可以将口语转换为字幕或音频，从而实现讲不同语言的人之间的无缝交流。这项技术超越了语言障碍，促进了全

球化世界中的协作和理解。

> **安全审核和检查**：AI 驱动的 AR 眼镜彻底改变了工业环境中的安全审核和检查。这些智能眼镜可以实时识别潜在的危险和合规问题。它们通过为安全审核员提供有价值的信息来预防事故并确保遵守法规，从而提高工作场所的安全性。

> **建筑设计和可视化**：建筑师正在采用 AI 和空间计算来创建建筑物和城市环境的三维虚拟模型。这些模型使建筑师能够更有效地将设计可视化并迭代设计，从而提高建筑领域的精度和创造力。

> **游戏和娱乐**：AI 驱动的算法增强了 VR 和 AR 中的游戏体验和娱乐体验。强化学习应用于角色行为，提供动态和自适应的游戏玩法。程序化生成技术可以生成逼真的三维环境，而神经网络则有助于完善角色行为和生成环境，从而使游戏体验和娱乐体验更具沉浸感和互动性。

在本节中，我们揭示了推动空间计算沉浸式体验的关键技术，从 AI 及其子领域到其他关键技术构件。这些技术共同塑造了物理世界和数字世界融合的情境，从而创造出非凡的体验。现在，我们将注意力转向那些利用这些技术力量的受益者身上。

谁是空间计算的受益者

空间计算带来了一拨变革性的好处，惠及各个领域和各行各业的广泛受益者，这些受益者有可能成为空间计算领域的资助者。这项技术从根本上改变了我们与数字世界和物理世界交互的方式，带来了诸多益处。让我们探讨一下，这些受益者是谁，以及他们如何利用空间计算的潜力来满足各自特定的需求和目标。

主要受益者

- **消费者和最终用户**：空间计算最重要的受益者是消费者和最终用户。他们体验了从 AR 游戏到 VR 模拟的沉浸式娱乐，获得了全新的享受和参与度。此外，在教育和培训方面，最终用户受益于真实的交互式学习体验，从而塑造了知识传递的未来。
- **医疗健康**：空间计算在医疗健康领域发挥着举足轻重的作用。一方面，医疗专业人员利用这项技术进行手术规划和培训，它为外科医生提供一个无风险的环境来练习复杂的手术。另一方面,患者从先进的可视化和远程医疗应用中受益,获得改进的诊断和治疗机会。

- **制造业和工业**:制造商在空间计算领域找到了有价值的盟友。空间计算有助于产品设计、原型制作和质量控制,缩短了产品面市时间并提高了产品质量。维护和维修技术人员也从中受益,他们可以通过获取 AR 指令来提高效率和减少错误。

- **零售**:零售商已经利用空间计算来提升购物体验了。AR 购物让顾客可以在做出购买决定之前在自己的空间中实现产品可视化,从而减少网上购物的不确定性。此外,库存管理和物流也受益于改进的空间理解和自动化。

- **时尚和奢侈品**:时尚和奢侈品行业正在通过空间计算进行转型。空间计算加快了成衣和定制服装的设计速度,提高了合身性和个性化程度。空间计算设备本身成为时尚宣言,而游戏和娱乐与时尚相融合,开辟了新的收入来源。

- **游戏和娱乐**:游戏行业处于空间计算的最前沿,通过 VR 和 AR 为游戏玩家提供沉浸式、交互式的体验。与此同时,娱乐行业精心打造了引人入胜的 VR 和 AR 体验，通过 AR 叠加提升表演和活动的效果。

- **教育和培训**：教育机构利用空间计算提供互动式的、引人入胜的课程，使复杂的科目变得更容易理解。航空和军事等各个领域的培训则受益于提升了学习效果的逼真的模拟。

- **房地产和建筑**：房地产专业人士利用空间计算来提供虚拟参观和 AR 可视化房产展示，从而简化了买卖流程。建筑师和城市规划者受益于三维建模，以进行精确的设计和客户演示。

- **交通和汽车**：空间计算推动了自动驾驶汽车的发展，改进了导航和安全系统。公共交通受益于改进的路线规划和乘客信息，从而增强了旅行体验。

- **航空航天和国防**：航空航天工业依赖空间计算进行飞机设计、维护和飞行员培训。国防应用则包括为军事人员提供的先进的模拟和训练场景。

- **艺术和创意**：艺术家和设计师采用空间计算工具进行数字艺术创作和三维建模。空间计算引入了全新形式的互动和沉浸式艺术装置，重新定义了创意的边界。

- **建造**：在建造行业，空间计算帮助工人将建筑计划可视化，并在施工开始前检测错误。

- **旅游和文化遗产**：游客可以从博物馆和历史遗址的 AR 导览和互动文化体验中受益。文化遗产保护可以依靠三维扫描和数字归档来保护和颂扬我们的过去。
- **环境科学**：空间计算在环境科学中得到应用，帮助研究人员进行环境监测和数据可视化，为环境保护工作和可持续的未来做出贡献。
- **便捷性**：空间计算通过自适应界面和辅助技术促进便捷性，确保残障人士也能够接触数字内容和环境。
- **企业和生产力**：企业利用空间计算的强大功能来加强协作、远程工作和数据可视化。空间计算优化了决策过程和数据分析过程，在现代商业环境中为企业提供了竞争优势。

这些受益者代表了一个多样化且充满活力的市场环境，依靠空间计算的能力和创新而蓬勃发展，正在塑造各行各业，改善生活，并突破可能的边界。

为什么空间计算对商业有好处

正如我们所了解的，空间计算和 AI 正在深刻改变商业世界。它们已经通过大量实例为商业创造了价值。在展示技术所能带来的价值方面，AI 处于领先的地位，而空间计算更像是一个沉睡的巨人，有待在未来 10 年被唤醒。

空间计算和 AI 的商业价值是什么？以下是一份简短的、不全面的列表，列出了我们已经确定的一些益处，我们将在接下来的章节对其进行更深入的分析和补充。

空间计算和 AI 对商业有益，因为它们能够：

> 优化和改进流程。

> 以创新的方式促进沟通和协作。

> 解决沟通问题。

> 提供更佳的零售体验，从而减少退货和浪费。

> 创造更多能让客户乐在其中的沉浸式娱乐。

> 借助空间视频和记忆捕捉技术，创造全新的留存记忆和记录历史的方法。（我们相信这将是消费者购买空间计算机的主要原因之一。）

> 通过更好的建模和工具应对气候变化，并做出更好的决策。

> 具有有效的对外交往的潜力和更好的决策能力，以及将战略远见可视化的能力。

> 还有更多！

我们坚信，空间计算和 AI 的融合将深刻改变我们所熟知的商业，并将对我们的生活产生显著的影响。我们撰写本书的目的是帮助读者掌握这一新现实，协助当今和未来的领导者更好地准备在这样的现实中成为领导者并战略性地应用这些技术，不是将其视为一种短暂的潮流，而是将其作为未来商业的重要组成部分。

这就是读者阅读本书时应该期待的内容。在前言中，我们阐述了为什么 AI 和空间计算对于现代商业领导者至关重要。

在接下来的三章（第 1~3 章）中，我们将重点探讨 AI 驱动的空间计算与商业的相关性。在第 4~6 章中，我们将介绍领导者在这个新时代需要了解的空间计算与 AI 融合的知识，以及如何在这个技术快速变革的时代成功领导他们的企业。

在本书的最后三章（第 7~9 章）中，我们将重点关注取得成功的策略，以及如何实施空间计算和 AI。然后，我们将探讨 AI 驱动的商业革命在未来可能会带来什么！

因此，在接下来的章节中，我们将深入探讨 AI 和空间计算如何改变商业，已产生影响的领导者是谁，以及为什么在这一时刻了解空间计算和 AI 对于引领当今的商业走向未来至关重要。因此,请准备好将思维超越 AI,并着眼于更广阔的前景。未来是 AI 与空间计算融合的时代!

第一部分

AI 驱动的空间计算的商业相关性

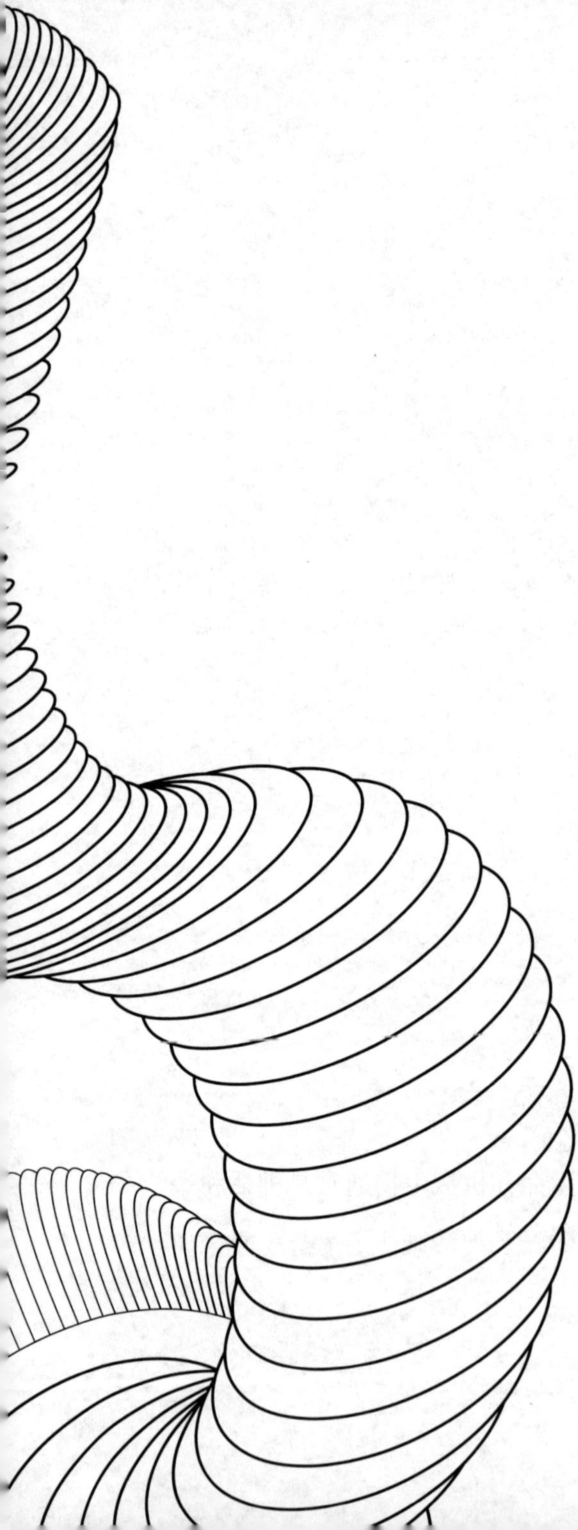

第 1 章
AI 革命：变革当前的商业

从亚里士多德的时代到现在

AI 经历了一场令人惊叹的变革，从科幻小说中的一个简单的概念转变为当代技术和工业中的一股关键力量。这种演变证明了人类的聪明才智，也体现了人类对创造智能机器的不懈追求。

AI 的概念和演变受到了哲学思想的显著影响，这些可以追溯到当代技术出现之前的几个世纪。古代、中世纪和早期现代的哲学家的探究和推测奠定了概念基础，微妙地预示了 AI 的发展进程。

在古代和中世纪，人造生命和机械生物通常是神话和故事中的特色元素。例如，古希腊神话讲述了火与工匠之神赫菲斯托斯（Hephaestus）创造机械仆人的故事。这些故事反映了早期人类关于人造生物以及模仿生命或人类智能的可能性想法的迷恋。

古希腊哲学家亚里士多德做出了基础性的贡献，尤其在逻辑领域。他在三段论（一种逻辑推理形式）方面的工作，以及他关于知识分类和演绎推理的想法，可以被视为迈向算法思维的早期步骤，而算法思维正是现代AI的基石。

文艺复兴时期，人们对自动机（一种旨在模仿人类或动物行为的机械装置）的兴趣激增。这些设备通常由复杂的发条装置驱动，是现代机器人技术的前身。文艺复兴标志着艺术、科学和技术的边界开始变得模糊，为当今的AI创新开创了先例。

启蒙运动中的哲学家勒内·笛卡儿（René Descartes）提出了"身心二元论"的概念，这一理念将精神与物质世界分开。虽然他的观点更多是关于形而上学而非技术的，但这引发了人们关于意识和智力本质的讨论。这些争论的话题是AI的哲学基础的核心，特别是在人们考虑机器意识或感知的可能性时，更是如此。

在19世纪，像查尔斯·巴贝奇（Charles Babbage）和阿达·洛芙莱斯（Ada Lovelace）这样的人物虽然不是传统意义上的哲学家，但他们为联结哲学和早期计算做出了重大贡献。巴贝奇对分析机的设计和洛夫莱斯对其超越单纯计算的潜力的认识，为计算机器和 AI 奠定了基础的思想。

同一时代的数学家和逻辑学家乔治·布尔（George Boole）开发了一套逻辑代数系统，为数字电路设计和计算机编程奠定了基础。布尔代数及其二进制变量成为计算和 AI 发展的关键要素。

20 世纪初，逻辑实证主义和维也纳学派兴起，他们是一群哲学家和科学家，倡导以逻辑和经验数据为基础的科学哲学方法。这一运动影响了后来的 AI 思想，特别是在模仿人类推理的算法的开发方面。

艾伦·图灵（Alan Turing）以其对计算机科学的贡献而闻名，他也致力于研究有关机器智能的哲学问题。他的"图灵测试"虽然是一个技术命题，但同样是一个哲学命题，其促使人们思考机器何时可能被视为真正的"智能"。

虽然有这些充满希望的开端，但 AI 的旅程并非没有挑战。该领域经历了高度乐观的时期，随之而来的是失望和资金减少，这被称为"AI 寒冬"。这在很大程度上是由于当时技术的限制无法跟上 AI 研究人员的理论愿望。

然而，计算能力的重大进步和大规模数据集的可用性推动了 AI 在 20 世纪末和 21 世纪初的复兴。这些发展使得创建更复杂的机器学习模型和神经网络成为可能，它们可以从大量数据中进行学习和改进。深度学习是机器学习的一个子集，涉及分层神经网络，已经成为很多令人印象深刻的 AI 壮举背后的驱动力，从掌握复杂游戏，到推动自然语言处理及图像识别的进步都能看到它的身影。

AI 的影响既深刻又长远，渗入众多行业和日常生活的方方面面。在制造业，AI 驱动的自动化和预测性维护彻底改变了生产线；在金融行业，AI 算法用于从欺诈检测到算法交易的各种工作；在医疗健康行业，诊断成像、药物发现和个性化医疗等领域因为 AI 而受益匪浅。

AI 的影响超越了工业领域的范畴，它通过消费技术触及每个人的生活。智能助手、流媒体平台上的个性化推荐，以及控制社交媒体内容的复杂算法都是 AI 实际应用的例子。更重要的是，AI 提升了空间计算技术的能力，使它们更具互动性和沉浸感。

AI 作为空间计算的基础构件，能够按照科幻小说中描述的方式将数字空间和物理空间融合。要全面了解 AI 在空间计算中的作用，探索 AI 技术和应用的演进、AI 软件的各种类别，以及自然语言处理、计算机视觉、机器学习、深度学习和生成式 AI 等特定领域是至关重要的。

AI 应用和技术的演变

在空间计算出现之前，AI 已经开启了它的变革之旅。早期的 AI 应用主要聚焦于解决特定的、定义明确的问题，例如下棋或简单的自然语言理解。这些应用程序利用基于规则的系统，其中 AI 在一组预先确定的准则内运行。

随着技术的进步，AI 应用扩展到更复杂的任务。这种演进得到了计算能力增长和大规模数据集可用性的支持，从而使得更复杂的 AI 模型成为可能。正如我们之前所述，AI 开始渗透到各个领域，从医疗健康领域中的协助诊断到金融领域的预测分析和风险评估等。

AI 软件的类别和类型

AI 软件大致可以分为以下几种类型。

> 基于规则的系统：这些是 AI 的早期形式，系统根据一组预定义的规则运行。它们对于结构化、可预测的

任务很有效，但缺乏处理复杂的、非结构化数据的灵活性。

▶ **基于机器学习的系统**：机器学习系统从数据中学习、识别模式并在最少人工干预的情况下做出决策。它们比基于规则的系统更具适应性，并且随着时间的推移和接触数据的增多，它们会不断改进。

▶ **基于深度学习的系统**：作为机器学习的一个子集，深度学习利用多层（因此是"深度的"）神经网络来处理数据。这些系统在处理大量非结构化数据（如图像和语音）时特别有效。

▶ **混合系统**：这些系统结合了各种 AI 技术，通常将基于规则的构件与机器学习和深度学习模型整合在一起，以利用每种方法的优势。

自然语言处理及其应用

自然语言处理是 AI 的一个分支，专注于计算机和人类语言之间的交互。它涉及教导机器按照有意义的方式理解、解释和生成人类语言。自然语言处理的应用领域非常广泛，包括数字助理（如 Siri 和 Alexa）、机器翻译服务

（如谷歌翻译）和客户服务聊天机器人。

自然语言处理的核心要点

- **语言理解**：自然语言处理涉及教导计算机理解人类语言的细微差别，包括语法（句子结构）、语义（含义）和语用（情境使用）。

- **语言生成**：除了理解之外，自然语言处理还使计算机能够生成连贯且与情境相关的语言响应。这一点在聊天机器人和数字助理等应用中至关重要。

- **语言识别**：自然语言处理不仅限于文本，还能应用于口语，使语音激活系统能够理解和响应口头指令。

自然语言处理的多种应用

- **数字助理**：Siri、Alexa 和谷歌助理等数字助理是自然语言处理应用的典型例子。它们解释语音指令、理解查询并提供响应或执行操作。这些助手的复杂性显著提高，可以实现更自然和拥有更强的情境感知的交互。

- **机器翻译**：谷歌翻译等服务体现了自然语言处理在打破语言障碍方面的应用。这些服务将文本或语音从一种语言翻译成另一种语言，并不断提高准确性和流畅性。它们虽然并不完美，但已经非常擅长提供快速且大致可靠的翻译。

- **客户服务聊天机器人**：很多企业现在使用聊天机器人来处理客户的询问并提供支持。这些 AI 驱动的聊天机器人可以理解并响应客户的询问，它们通常可以有效地处理日常问题，从而提高企业的客户服务水平，并减少员工工作量。

- **情感分析**：自然语言处理用于分析文本中的情感，如客户评论或社交媒体帖子。通过了解文本中的积极、消极或中立的情绪，企业可以深入了解客户的意见和反应。

- **内容分类和推荐**：自然语言处理算法对内容进行分类，并根据用户的偏好和过去的互动向用户推荐相关的文章、产品或服务。该应用程序广泛用于新闻聚合器、电子商务平台和流媒体服务。

- **信息提取和数据挖掘**：自然语言处理对于从大量非结构化文本数据中提取有用信息至关重要，例如从文档中提取关键短语、名称或特定的数据点。

- **语音转文本和文本转语音服务**：这些服务用于各种应用程序，从听写软件到视障人士的阅读辅助工具，程序依靠自然语言处理将语音准确转换为文本,反之亦然。
- **语言建模和文本生成**:高级自然语言处理模型可以生成连贯且与语境相关的文本,这有助于完成写作辅助、创建整篇文章或报告等任务。

未来前景和挑战

　　自然语言处理的未来可谓前景广阔,正在进行的研究和开发将会让语言处理更加细致入微,情境感知能力更强。然而,它仍然面临一些挑战。

> **处理模糊性和复杂性**:人类语言本来就具有模糊性和复杂性,要开发能够可靠地解释细微差别、讽刺和惯用表达的自然语言处理系统仍然是一项挑战。

> **偏见和公平**:自然语言处理模型可能会无意中学习到其训练数据中存在的偏见,从而导致有偏见或不公平的结果。解决这些偏见对于开发符合道德的自然语言处理应用至关重要。

> **多语言和跨文化适应**:创建可以跨多种语言和文化背景有效工作的自然语言处理系统是另一个正在开发的领域。

总之，自然语言处理是现代 AI 应用的基石，它改变了我们与技术互动的方式以及技术理解我们的方式。随着自然语言处理的不断发展，它有望进一步弥合人与机器之间沟通的差距，为数字互联世界的便捷性、效率和理解拓展新的视野。

计算机视觉及其在 AI 中的作用

计算机视觉是 AI 的一个关键方面，其致力于赋予计算机解释和理解视觉世界的能力。该领域涉及图像和视频的处理（主要通过摄像头），使机器能够以类似于人类视觉的方式识别和理解物体和场景。计算机视觉在 AI 中的作用多种多样且影响力巨大，其影响着广泛的行业和应用。

计算机视觉在 AI 中的主要功能

- 物体检测和识别：计算机视觉的基础能力是检测和识别视觉媒体中的物体。这包括识别照片中的人或区分零售环境中的商品，让系统能够准确地解释视觉数据。
- 分析图像和视频：计算机视觉超越了基本的识别，能够深入进行综合分析。这涉及对图像的情境理解、模式识别，甚至通过面部分析进行情绪检测。
- **实时视觉处理**：很多应用要求计算机视觉系统即时解释视觉数据并做出反应。这在自动驾驶等场景中尤为关键，因为其需要根据视觉输入快速准确地做出决策。

计算机视觉在不同行业的应用

- **自动驾驶汽车**：计算机视觉的一个关键应用是自动驾驶汽车，其依靠该技术来导航和解释周围环境以实现安全操作。
- **医疗健康应用**：在医疗领域，计算机视觉有助于分析医学图像以进行疾病检测，并有助于患者监测和手术机器人技术。
- **零售业**：零售业中的计算机视觉用于库存跟踪、客户行为分析，以及取消传统结账流程并提升购物体验。
- **制造和检测**：该技术有助于制造过程中的质量控制，能够确保产品符合标准并识别缺陷。
- **安全和监控**：在安全方面，计算机视觉对于面部识别和监控、出于安全和监控目的分析视频片段至关重要。
- **农业**：它正在改变农业，帮助监控作物、检测植物疾病和预测收成。

挑战和道德问题——计算机视觉虽然潜力无限,但也面临着一些挑战。

> 精度和可靠性:计算机视觉系统的精度和可靠性至关重要,尤其是在自动驾驶汽车或医疗成像等关键领域。

> 隐私和道德问题:计算机视觉的使用,特别是在监控和面部识别中的使用,带来了有关隐私和道德实践的重大问题。

> 潜在的数据偏见:如果在有限或有偏见的数据集上进行训练,计算机视觉系统可能会产生偏见。

> 算力需求:高级的计算机视觉任务需要大量的计算资源,这在某些应用中可能是一个限制。

计算机视觉的前景

展望未来,计算机视觉的功能必将不断增强,并可能会在一些方面取得进步,如增强的实时分析、各种条件下更高的准确性以及更负责任的使用等。将 AI 与自然语言处理和机器学习等其他 AI 领域融合,可能会产生集成化程度更高、更加智能的系统,从而更好地模拟人类与世界的互动。

总之，计算机视觉是 AI 的基础元素，推动着众多领域的进步和创新。它处理和理解视觉信息的能力开启了广泛的可能性，从改善日常生活到解决不同行业的复杂挑战。随着该领域的不断发展，它重新定义了机器感知和理解的极限。

机器学习和深度学习及其相关性

机器学习和深度学习是当代 AI 的关键组成构件，它们彻底改变了计算机学习和决策的方式。它们在各个领域和应用中的相关性是深远的，影响着技术进步和应用的进程。

机器学习：简要概述

机器学习是 AI 的一个子集，它使计算机能够从数据中学习，并基于数据做出预测或决策。与规则和决策被明确编码的传统编程不同，机器学习算法从数据中学习、识别模式并在最少人工干预的情况下做出决策。

- 监督学习：这是一种常见的机器学习方法，算法从标记的训练数据中学习，了解输入数据和所需输出之间的关系。

- **无监督学习**：在无监督学习中，算法会分析和聚类未标记的数据，发现数据中隐藏的模式或内在结构。
- **强化学习**：这种类型的学习涉及一种算法，通过执行操作并接收结果反馈来学习做出决策，类似于通过试错法进行学习。

深度学习：拓展可能性

深度学习是机器学习的子集，涉及具有多层的神经网络，可以处理数据和执行任务，模拟人脑的工作方式。深度学习在处理大量非结构化数据（如图像和自然语言）时特别有效。

- **神经网络**：神经网络是深度学习的基本构建模块，受人脑结构的启发，由以分层方式处理数据的互联节点（神经元）组成。
- **卷积神经网络（CNN）**：专门处理图像等结构化数组数据，广泛用于图像分类和物体识别等任务。
- **递归神经网络（RNN）**：它是处理顺序数据的理想选择，用于设计语言识别、自然语言处理和时序分析等。

机器学习和深度学习的相关性

- **数据分析和预测**：机器学习算法广泛用于各行业的数据分析、预测建模和决策。从金融预测到零售业客户行为分析，机器学习理解大型数据集的能力是无价的。
- **自然语言处理**：机器学习和深度学习都是推进自然语言处理不可或缺的部分，可以实现更准确和语境感知能力更强的语言理解和生成。
- **医疗诊断和医疗健康**：机器学习和深度学习在医疗健康领域取得了重大进展，有助于疾病检测、医学图像分析和个性化患者护理。
- **自动驾驶汽车和机器人**：在自动驾驶汽车和机器人领域，深度学习算法处理和解释传感器数据，使机器能够导航并与其环境交互。
- **个性化服务**：网络购物、流媒体平台和内容监管等服务的个性化推荐背后是机器学习算法。
- **面部识别和安全**：深度学习（尤其是通过卷积神经网络）对于开发用于安全和监控的精准面部识别系统至关重要。

挑战和未来方向

尽管机器学习和深度学习具有变革性影响，但它们仍面临挑战，例如需要大型数据集、易受有偏见数据影响，以及一些深度学习模型的"黑箱"性质使其决策过程不透明。

机器学习和深度学习的未来方向包括提高算法有效性、减少数据投喂量以及变得更透明。目前的进展集中在合乎道德的 AI 开发上，以确保 AI 模型的公平性并减少偏见。

总之，机器学习和深度学习不仅是 AI 领域的热门词，而且是推动一系列应用创新和提高效率的核心技术。它们从数据中学习、适应和发现见解的能力正在重塑行业，并在技术和人机交互方面开辟新的领域。

生成式 AI 及其创造性潜力

生成式 AI 是一个突破性的 AI 领域，其中涉及的技术能够创建高度模仿人类生成的内容或数据。随着 Transformer 模型（变换器模型）的发展，以及生成式对抗网络（GANs）和变分自动编码器等方法的发展，这个领域已经取得了显著的进步。生成式 AI 的变革潜力（尤其 Transformer 的加持下）是巨大的，并且正在艺术、娱乐、营销等多个领域得到利用。

生成式 AI 的核心技术

- Transformer（变换器）：Transformer 最初是为自然语言处理任务开发的，在各种生成式应用程序中被证明非常有效。与传统模型不同，Transformer 可以更有效地处理文本等顺序数据，因为注意力机制使其可以考虑数据的整体环境。

- 生成式对抗网络（Generative Adversarial Networks，简称 GANs）：生成式对抗网络由两个串联训练的神经网络组成（生成器和鉴别器）。生成器创建新数据，鉴别器在连续的对抗过程中评估其真实性，直到生成器的输出结果看起来真实得令人信服。

- 变分自动编码器（variational autoencoder）：它通过将数据压缩成更简单的形式，然后将其扩展回来，从而创建新的数据实例，这些编码器用于生成图像和音乐等复杂结果。

创造性应用和潜力

- 艺术与设计：通过生成新颖的艺术品和设计概念，生成式 AI（包括 Transformer 模型）正在彻底改变艺术和设计，从而重新定义创造力的边界以及 AI 在创作过程中的作用。

- 音乐和声音制作：在音乐方面，生成式 AI 能够创作原创作品或模仿特定的音乐风格，为创造力和个性化的音乐体验提供工具。

- 写作和内容生成：Transformer 尤其擅长生成文本内容，如新闻文章、创意写作，甚至编程代码，展示其在内容创作方面的多功能性和潜力。

- 电影和游戏：生成式 AI 有助于在电影和电子游戏中创建逼真和充满沉浸感的环境和角色，简化制作并增强用户体验。

- 个性化营销：在营销方面，生成式 AI 可以制作个性化内容，提升参与度和消费者体验。

- 数据增强：对于科学研究，生成式 AI（包括 Transformer 模型）可以创建适用的数据集，在数据搜集具有挑战性的情况下尤其有用。

挑战和道德影响

生成式 AI 的发展，尤其是 Transformer 的发展，带来了一些挑战和伦理问题。

> 真实性和原创性：区分人类和 AI 生成的内容越来越具有挑战性，这引发了关于数字时代原创性和真实性本质的问题。

> 知识产权和版权：AI 生成的内容（尤其是通过 Transformer 模型）的所有权和其他权利相关的法律问题非常复杂，并且仍在不断发展。

> 偏见和滥用：鉴于 Transformer 和其他生成式模型都从现有数据中学习，它们可能会使偏见永久化。还有人担心它们被滥用于创建误导性或有害的内容，比如深度伪造（DeepFake）。

> 对创意领域的影响：虽然生成式 AI 可以增强人类的创造力，但关于它在创意工作中取代人类角色的潜力仍存在争议。

未来方向

随着 Transformer 模型和其他生成式技术的不断发展，它们有望产生更复杂、更细致的创意输出。作为艺术家和创作者的工具，它们的融合预计将会加强，并提供新的创新和表达模式。然而，引导其被合乎道德地使用并确保其被负责任地开发对于充分发挥其潜力至关重要。

总之，生成式 AI（特别是与 Transformer 模型的融合）正在重新定义创意可能性的前景。它不仅扩展了 AI 生成类似人类产出的内容的能力，还引发了一些重要的讨论，这些讨论探讨的是创造力的本质，以及 AI 与人类的创造性之间不断发展的相互作用。

计算机视觉与空间计算

正如我们所讨论的，空间计算结合了物理世界和数字世界，涵盖多个领域，涉及计算机、人类及物理环境之间交互的方式，其中的数字实体和物理实体协同运行。计算机视觉在空间计算中起着至关重要的作用，为机器提供了实时解释周围环境并与之交互的基本能力。计算机视觉与空间计算的整合开辟了无数的应用和功能。

计算机视觉在空间计算中的作用
- **环境理解**：计算机视觉对于机器理解周围环境至关重

要，包括识别物体、理解空间关系和解释物理布局。在空间计算中，这种理解对于将数字内容或信息无缝集成到物理世界至关重要。

- 物体检测和识别：在空间计算中，计算机视觉用于对环境中的物体进行识别和分类。这种能力在很多应用中至关重要，如虚拟物体与现实环境交互的 AR 游戏、需要识别和监控机器或设备的工业 AR 等。

- 深度感知和映射：计算机视觉算法用于评估物理空间的深度和维度。这在 AR 和 VR 中尤为重要，准确的深度感知可以确保数字内容在现实世界中被放置在适当的位置并调整大小，从而增强体验的真实感和沉浸感。

- 实时交互：在空间计算中，用户、物理环境和数字信息之间的交互必须经常实时发生。计算机视觉通过快速处理视觉数据来实现这一点，可以立即响应环境或用户操作的变化。

- 导航和寻路：在机器人和自动驾驶汽车（这是更广泛的空间计算的一部分）中，计算机视觉对于导航至关重要。它使机器能够了解周围环境、避开障碍物，并安全有效地在物理世界中移动。

- 手势和动作识别：在空间计算支持的界面中，计算机视觉可以解释人类的手势和动作。这使得人类与数字系统的交互方式更加自然和直观，例如使用手势控制 AR 或 VR 应用程序。

应用及意义

- AR 和 VR：AR 和 VR 是空间计算最突出的例子。在这里，计算机视觉确保虚拟物体被真实地整合到物理世界中（在 AR 中）或者虚拟环境是可导航和交互式的（在 VR 中）。
- 机器人和自主系统：机器人和自主系统使用计算机视觉与环境交互、执行任务和空间导航，这是空间计算的一个关键方面。
- 智能环境：在智能家居和智能城市中，在计算机视觉的帮助下，空间计算可以理解和响应空间的布局和人类的活动，从而创建更具响应性和适应性的环境。

挑战和未来方向

以计算机视觉为核心的空间计算面临各种挑战，例如确保多样化和复杂环境中的准确性、解决隐私问题以及管理实时处理的计算需求。该领域的未来发展很可能集中在更先进和更高效的计算机视觉算法、更好地集成 AI 以及解决道德和隐私问题上，所有这些都将进一步增强空间计算的能力和应用。

总之，计算机视觉是空间计算中的一项基础技术，使机器能够理解三维世界并与之交互。它与空间计算技术的集成不仅增强了用户体验和运营效率，还重新定义了我们与数字世界和物理世界交互和感知的边界。

了解机器学习、深度学习与空间计算的交集

机器学习和深度学习在增强空间计算能力方面发挥着关键作用。这些先进的学习技术使空间计算系统能够处理和解释复杂的数据，做出明智的决策，并在这些混合环境中提供更自然、更直观的交互。

机器学习和深度学习对空间计算的贡献

- 解释物理环境：机器学习和深度学习算法擅长分析来自各种传感器（包括摄像头和激光雷达）的数据，以

理解和解释物理空间。这在 AR 和 VR 应用中尤其重要，其中准确的环境解释是叠加数字元素的关键。

- **物体检测和分类**：利用机器学习，特别是深度学习模型，空间计算系统可以有效地对环境中的物体进行检测和分类。这种能力对于交互式应用程序至关重要，在这些应用程序中，与特定环境特征或物体的交互至关重要。
- **预测和预测分析**：机器学习模型用于预测分析，使空间计算系统能够预测用户的行为或需求，从而提高响应能力和用户体验。
- **增强自然语言交互**：通过机器学习和深度学习实现的自然语言处理的进步极大地改善了空间计算环境中的语音交互，从而可以在 AR 和 VR 中实现更加流畅和自然的语音指令。
- **识别手势和人类动作**：深度学习模型擅长识别和解释人类手势，用户可以通过简单的动作与空间计算中的数字构件进行更直观的交互。
- **导航智能**：在机器人和自动驾驶汽车的背景下，机器学习和深度学习对于空间感知和路线规划至关重要，进而可以确保其在物理空间内安全高效地导航。

- 定制的用户体验：通过分析用户数据，机器学习算法可以定制空间计算的体验，从个性化 AR 或 VR 内容到根据个人偏好调整智能环境。

实际意义和应用

- 改善 AR 或 VR 体验：机器学习和深度学习通过完善环境理解、物体交互和用户界面来增强 AR 和 VR 中的沉浸感和真实感。
- 推进机器人技术和自主系统：这些领域在空间认知、决策过程和适应性方面严重依赖机器学习和深度学习，这些都是空间计算不可或缺的组成部分。
- 优化智能环境：在智能家居和智慧城市中，机器学习和深度学习使环境变得更具响应性和适应性，这样可以让我们了解空间和用户行为以实现更好的自动化。

挑战和未来方向

　　由机器学习和深度学习支持的空间计算面临着一些挑战，比如确保数据隐私、符合道德的 AI 开发、计算资源管理以及为不同环境创建稳健的模型。未来的发展可能会集中在提高机器学习或深度学习模型的效率和透明度、改进数据处理以及无缝地集成这些技术以提升空间计算体验。

总之，机器学习和深度学习是空间计算进步的基础，推动了其有效融合数字和物理元素的能力。它们的影响对于改变我们与周围环境互动和感知周围环境的方式、以创新和有影响力的方式融合虚拟和现实至关重要。

生成式 AI 在空间计算中的作用

生成式 AI 是 AI 的一个分支，专注于创建新的、类似出自人类的内容，范围从视觉内容、听觉内容到文本和数据形式内容。生成式 AI 以其生成新的原创内容的能力而闻名，在空间计算领域有着举足轻重的作用。将生成式 AI 引入空间计算扩展了数字元素和物理元素交互的可能性，为更细致、更具适应性和更个性化的体验铺平了道路。

生成式 AI 对空间计算的贡献

- AR 或 VR 中的真实感：生成式 AI 可以生成高度真实的图像和环境，从而增强 AR 和 VR 的沉浸感的质量。

这使得虚拟与现实之间的区别变得越来越微妙。
- 动态内容生成：生成式 AI 能够在空间计算中创建动态内容，以适应用户交互和环境的变化。这包括在 AR 中生成个性化数字作品或在 VR 中生成整体的环境。
- 真实世界环境模拟：能够模拟真实的生活场景，有利于空间计算方面的培训、教育和游戏，可以生成实时适应的多样化、逼真的场景。
- 个性化体验：在空间计算环境中，生成式 AI 可以为每个用户打造独特的体验，生成与个人偏好或特定交互历史产生共鸣的内容。
- 智能空间中的预测模型：生成式 AI 可以预测和模拟智能环境中物理空间和物体的使用情况，从而实现更智能、更主动的系统响应。
- 不断发展的艺术和设计：生成式 AI 促进了在空间计算中创建交互式、不断发展的艺术和设计作品，这些作品可以响应环境输入或观众互动。

挑战和未来方向

生成式 AI 与空间计算的融合带来了一系列挑战，包括对生成内容的道德问题、公正可靠的 AI 模型以及在复杂环境中实时生成内容所需的计算强度。未来的发展可能会着重于开发更高效、更符合道德规范的生成式 AI 解决方案，并增强其在空间计算中的集成，以及探索拓展这种协同作用的新应用领域。

生成式 AI 与空间计算的结合显著增强了这一领域，在数字—物理组合环境中提供更具真实感、个性化和动态的交互。这种根据上下文环境生成内容的能力完全改变了人们对技术的感知和与之交互的方式，逐渐模糊了虚拟空间和现实空间之间的界限。随着技术的发展，生成式 AI 和空间计算之间的关系将重新定义我们的数字体验，以之前无法想象的方式将虚拟和物理现实融为一体。

利用 AI 的硬件公司

空间计算获得了巨大的吸引力，很多公司都处于这一技术演变的前沿。值得注意的是，很多硬件公司正在利用 AI 来增强其产品，特别是在 GPU（图形处理器）加速和其他高级硬件解决方案方面。下面我们探讨其中的一些公司及其贡献（按功能分类）。

英伟达

功能：GPU 加速和 AI 处理。

贡献：英伟达是 GPU 技术的领导者，这对于 AI 和空间计算都是至关重要的。英伟达的 GPU 不仅可以用来渲染复杂的图形，还可以加速 AI 任务，包括空间计算中的任务。英伟达的 CUDA 平台是一个关键的推动者，可以实现并行处理，从而显著加快 AI 算法的速度，这对于实时空间计算应用程序至关重要。该公司还开发英伟达 DGX 系统和 Tegra 处理器等 AI 专用硬件，这些硬件可用于自动驾驶汽车和智能设备，这些都是空间计算生态系统的重要组成部分。

英特尔

功能：CPU（中央处理器）和 AI 芯片开发。

贡献：传统上以 CPU 闻名的英特尔现已扩展到 AI 硬件领域。他们专注于 AI 的芯片（如英特尔 Nervana 神经网络处理器）旨在有效处理深度学习任务。英特尔的 RealSense 技术（包括深度传感摄像头）与空间计算高度相关，可为实时三维映射和物体识别提供重要数据。

高通公司

功能：移动设备和物联网设备 AI 集成。

贡献：高通是移动处理器的主要参与者，并在其骁龙（Snapdragon）系列中整合了 AI 功能。这些处理器广泛应用于智能手机和物联网设备中，这些设备是空间计算中的关键接口。高通的 AI 引擎和专用 Hexagon DSP（数字信号处理器）以高能源效率的方式提供高级的 AI 处理能力，这对于在 AR、VR 和智能环境中使用的移动设备和边缘设备至关重要。

AMD

功能：用于 AI 任务的 GPU 和 CPU。

贡献：以 CPU 和 GPU 闻名的 AMD（美国超威半导体公司）越来越多地将 AI 功能整合到其硬件中。他们的镭龙（Radeon）GPU 不仅适用于游戏和图形，还支持 AI 处理，有利于需要密集图形和并行处理能力的空间计算应用。

苹果公司

功能：在消费电子设备中集成 AI。

贡献：苹果将 AI 整合到其硬件中，特别是在其 A 系列和 M 系列芯片中开发了神经引擎（Neural Engine），这一点引人注目。这些芯片为从 iPhone 到苹果电脑的一系列设备提供支持，这些对于 AR 应用很重要，而 AR 应用是空间计算的重要组成部分。苹果专注于将 AI 与用户友好的设计相结合，使其设备成为空间计算领域不可或缺的一部分。

ARM

功能：支持 AI 的处理器设计。

贡献：ARM（安谋）设计的处理器广泛用于移动设备和物联网应用。其 Cortex CPU 和 Mali GPU 旨在提高能源效率，这对于移动 AR 或 VR 设备至关重要。ARM 的技术有助于在小型便携式设备中实现 AI 处理，而小型便携式设备是空间计算生态系统中的关键组成部分。

这些公司展示了针对 AI 优化硬件的多种方式，而 AI 是推进空间计算的关键要素。通过专注于 GPU 加速、AI 专用芯片和整合 AI 处理能力，这些公司不仅增强了空间计算系统的性能和能力，而且塑造了数字世界和物理世界融合方式的未来格局。随着空间计算的不断发展，这些硬件公司的贡献可能会变得更加关键，推动着创新并在这个充满活力的领域实现新的应用。

拥有 AI 驱动解决方案的软件公司

这些软件公司通过其 AI 驱动的解决方案，处于推进空间计算的最前沿。通过提供强大的开发平台、AI 整合工具和云服务，它们正在创造更具沉浸感、更加智能化和交互式的空间计算体验。它们的贡献不仅对塑造当前的空间计算格局至关重要，而且为这个动态领域的未来创新铺平了道路。随着空间计算的不断发展，在数字—物理世界的融合中，这些软件巨头在整合 AI 功能上的作用将变得越来越重要。

Unity 技术公司

功能：游戏引擎和实时三维开发。

贡献：Unity 以其游戏引擎而闻名，该引擎广泛用于创建 AR 和 VR 内容。该公司已经发展成为一个实时三维开发的综合平台，对于空间计算十分重要。Unity 的引擎支持机器学习、自然语言处理和计算机视觉等 AI 驱动的功能，使开发人员能够创建复杂的交互式空间计算应用。该平台还促进了 AI 模型与模拟的整合，使其成为 AR、VR 开发人员和创作者的首选工具。

Epic 游戏公司

功能：先进的三维可视化和交互式体验。

贡献：由 Epic 游戏公司开发的虚幻引擎（Unreal Engine）是空间计算领域的另一个领先平台。该引擎以其高保真图形而闻名，有助于开发沉浸式 VR 和 AR 体验。虚幻引擎融合了 AI 功能，例如 AI 驱动的角色行为和环境模拟，增强了空间计算应用的真实感和交互性。

谷歌（通过 TensorFlow）

功能：机器学习和 AI 开发。

贡献：谷歌的 TensorFlow 是一个强大的机器学习开源平台，广泛应用于 AI 应用，包括空间计算中的 AI 应用。TensorFlow 有助于开发复杂的机器学习模型，可以集成到 AR 和 VR 应用之中，从而实现物体识别、手势分析和预测分析等功能。

AWS

功能：云计算和 AI 服务。

贡献：AWS 提供了一系列适用于空间计算的基于云的 AI 服务。亚马逊的机器学习平台 Amazon SageMaker 等使开发人员能够快速构建、训练和部署机器学习模型，这些模型可以集成到空间计算应用中，以增强交互性和智能功能。

微软（通过 Azure AI）

功能：AI 解决方案和云计算。

贡献：微软的开放式 AI 技术平台 Azure AI 提供了一套支持空间计算应用开发的 AI 工具和服务。Azure 的 AI 功能，包括计算机视觉、语言识别和决策算法，可以集成到 AR、VR 和混合现实应用程序中，以实现更智能和响应更迅速的体验。

Adobe

功能：创意和设计软件。

贡献：Adobe（奥多比系统公司）以创意软件套件闻名，一直在将 AI（通过其 Adobe Sensei 平台）整合到其产品中。这些 AI 驱动的工具可用于创建空间计算的资产和体验，提供图像识别、增强图形渲染和内容个性化等功能。

空间计算中 AI 驱动的决策

决策是 AI 涉及空间计算的最重要领域之一。空间计算中 AI 驱动的决策体现了技术、数据分析和实时环境响应之间的复杂互动关系。这种集成对于从 AR 到自动驾驶汽车、智能环境等各种应用都十分重要。了解这个过程的复杂性揭示了 AI 在空间计算中的复杂性和潜力。

实时数据处理和分析

空间计算中 AI 驱动决策的核心是实时数据处理和分析的能力。空间计算设备搭载了一系列传感器，持续采集周围环境的大量数据。这些数据可以包括来自摄像头的视觉输入、来自激光雷达或深度传感器的空间信息，以及来自麦克风的听觉数据等。

AI 算法处理这种多传感器数据，以构建对物理空间的全面理解。它们可以识别物体，理解空间关系，甚至解释人类的手势和表情。这种实时处理对于根据当前环境条件做出明智决策必不可少。

情境理解和响应能力

另一个很重要的方面是 AI 系统对其运行环境背景的理解能力。情境理解意味着 AI 系统不仅要识别空间的物理布局，还要识别其目的、在该空间进行的活动，以及其中人和物体的存在和行为。

例如，在 AR 应用程序中，AI 必须决定在特定时刻和位置，哪些信息与用户相关。在博物馆里，它可能会提供艺术品的详细信息；在零售店中，它可能会提供产品推荐或导航。

预测分析和预期行动

空间计算中的 AI 通常采用预测分析来预测未来的场景并主动采取行动。这在自动驾驶汽车中尤为明显，AI 系统必须预测行人、骑自行车的人和其他车辆的行为，这样才能安全、高效地导航。

预测分析包括分析过去和现在的数据，以便对未来事件做出有根据的猜测。在空间计算中，这意味着 AI 通过了解环境数据中的规律模式和异常情况，能够做出更准确的决策并采取预期行动。

交互式和自适应系统

空间计算中的 AI 系统具有交互性和自适应性，并不断从新数据和用户交互中学习。这种适应性使系统能够随着时间的推移而改进，从而对环境刺激做出更个性化和更准确的响应。

例如，在智能家居环境中，AI 系统会学习居住者的偏好和习惯，自动调整家居环境中的照明、温度和其他设置，以提升舒适度和能源效率。

AI 驱动决策面临的挑战

尽管取得了一些进步，空间计算中 AI 驱动的决策仍面临着以下几项挑战。

> 数据隐私和安全：空间计算需要大量的数据采集，这引发了人们对隐私和数据安全的担忧。因此，确保用户数据受到保护，并且以符合道德标准的方式使用，是一项重要的挑战。

> 真实世界环境的复杂性：真实世界是不可预测的、

复杂的。AI 系统必须足够强大，才能处理这种复杂性，并且在新奇或混乱的情况下做出可靠的决策。

> 算法偏见和公平：AI 决策存在偏见的风险，特别是在其训练数据不具有代表性或包含固有偏见时。确保 AI 决策的公平性和公正性至关重要。

> 人与 AI 交互：设计出能够与人类有效、直观地交互的 AI 系统具有很大的挑战性。系统必须能够正确解释人类的意图，并以易懂和有用的方式做出响应。

总体而言，在空间计算中，AI 驱动决策是一个动态且不断发展的领域，既有重大进步又面临复杂的挑战。随着这项技术的不断发展，它会爆发出巨大的潜力，改变我们与周围世界互动的方式，使环境更加智能、高效，更符合我们的需求。接下来，我们将重点讨论空间计算中的 AI 如何产生商业效益。

AI 在空间计算中的商业效益

为了进一步扩展 AI 在空间计算中的关键作用，我们现在需要探索其切实的商业效益。这种融合对企业意味着什么？企业如何从当前的融合中受益，同时关注 AI 与空间计算在融合方面的快速发展？

AI 在空间计算中的一些切实的商业效益包括下面几类。

第一，改善零售和电子商务中的客户体验。除了聊天机器人之外，空间计算中的 AI 为零售和电子商务中的客户支持提供了更强大的体验。电子商务正在转变为虚拟店面，商店在网上创建其零售点的数字孪生。试验性电子商务平台 Obsess 使用生成式 AI 来设计效率更高的虚拟店面，并大规模生成动态内容。[1] 虚拟聊天机器人升级为虚拟的、栩栩如生的人，其可以根据购物者的喜好实时定制个性化响应。

在实体零售点，空间计算中的 AI 扮演着不同的角色。个性化在网上更有可能实现，但实体零售店也可以使用空间计算中的 AI 为店内顾客带来个性化体验，从而弥合他们的数字购物习惯与实体购物习惯之间的差距。店内空间计算中的 AI 可以为顾客在实体零售点的旅程添加时间戳，从而创建顾客的完整视图。尽管并不是每个人都拥有空间计算设备，但智能手机正在接近这个目标。随着支持空间计算技术的可穿戴设备进入市场，零售商可以使用这些设备以及 AI 和数据集来引导顾客获得新的店内购物体验，引导他们尝试不同的产品，或者根据他们的喜好（如对店内服务员、独自购物、橱窗购物，以及那些进进出出的人的要求）来优化购物时间。

第二，加强医疗健康和教育领域的培训和模拟。熟能生巧这句话对任何人都适用，对医疗健康领域的专业人士来说更是如此。了解人体及各种情况是练习者提升自己的唯一途径。从依靠遗传捐赠者进行学习到使用虚拟现实和模拟实验室进行高级模拟，医疗健康培训和教育取得了突飞猛进的进步。再加上空间计算中的AI，医疗健康从业者将得到全新的培训机会和教育机会。

空间计算中的AI不仅仅能用于实操前的学习和练习，还可以帮助外科医生评估他们的手术。在医疗健康教育领域，AI在空间计算中的作用是提高从初学者到经验丰富从业者的转变速度和质量。将空间计算中的AI整合到当前的医疗健康工作流程中，可以通过使用大量数据和学习来实时教育医疗健康从业者，帮助医生更快地判断病情。[2]空间计算中的AI与连接设备相结合，能够使从业者看到他们以前无法看到的人体部分，比如肺部的新角度，这些可以为手术和诊断提供信息。

第三，制造效率和物流效率的提高。空间计算中的

AI有可能彻底改变制造业。目前，很多工厂的运营中都采用机器人、传感器和数据采集等技术。与人类同行一样，空间计算中的AI可以实时指导操作人员。空间计算中的AI消除了对过时人机界面的需求，因为它可以向特定位置的操作人员学习，并通过工厂中的摄像头和其他传感器，用计算机视觉来识别生产线上的问题、产品缺陷和其他质量关注点。空间计算中的AI可以将相关信息反馈给操作员，以便实时进行调整。空间计算中的AI在制造领域和物流领域的应用如果实施得当，可以减少浪费，缩短产品面市所需的时间，并大幅度提高操作人员的安全性。

第四，游戏和娱乐中的创造性应用。游戏和娱乐行业已经为空间计算中的AI做好了准备。从用户到新技术的采用，空间计算中的AI为我们观看、玩耍和游戏的方式提供了创造性的应用。空间计算中AI为开发人员提供创造性应用的一种方式是从使用操纵杆和键盘切换到用眼睛和手势控制。空间计算中的AI能在现实世界事件的游戏化中变得有趣，例如在现场比赛中创建篮球运动员的数字孪生，球迷可以通过他们的空间计算机在篮球比赛中与篮球运动员进行互动。

空间计算中的AI使得开发人员可以创建基于三维空

间的游戏，而不是让基于二维空间的游戏来适配空间计算。空间计算中的 AI 具备利用现实世界环境的能力，能加快物体和场景的开发。另外，利用空间计算机进行空间创作的能力将为游戏开发、电影制作、音乐表演和其他娱乐活动领域创造全新的行业。

第五，农业产业的进步。技术在农业方面的利用并不少见。拖拉机和农机设备装有传感器，可以跟踪种子的播撒情况，并根据土壤和其他相关指标来评估植物的质量。约翰迪尔（John Deere）公司在 2022 年的 CES（国际消费类电子产品展览会）上展示了一款全自动驾驶拖拉机。[3] 空间计算中的 AI 是这些联网车辆、传感器和设备的关键进步，可用于增强精准农业，如害虫检测、植物健康、资源分配优化等。空间计算中的 AI 先进的空间可视化技术使农民能够从复杂的农业数据中获得新的见解并识别新的模式。

在房地产领域，空间计算中的 AI 提供了各种各样的用例，从建筑物和住宅的数字孪生到家具摆放或施工前的数字化翻新房屋。

第六，汽车和交通运输行业的创新。空间计算中的 AI 为用户和交通规划者提供了静态的二维地图的视角转换。通过平视显示器将空间计算中的 AI 整合到车辆中，例如宝马 7 系或捷豹 XF 采用的全息显示器，它们可以告诉驾驶员交通状况、协助换挡的换挡点、横向转弯时的加速度大小，以及越野时的转向角和俯仰角等各种信息。在我们大多数人每天都在进行的活动中，空间计算中的 AI 提供了我们以前无法获得的信息和帮助。

针对交通规划者的空间计算 AI 可从道路上的传感器、联网汽车和基础设施中的其他联网数据点获取数据，并利用这些数据来规划路线、预测交通流量并考虑道路状况。空间计算中的 AI 在公共交通运输上，可以利用空间分析来预测各种公共汽车路线的需求。对飞机来说，空间计算中的 AI 在飞行前检查时可以比人工更快、更有效地检查飞机是否被鸟类、闪电或其他事件损坏。空间计算中的 AI 能够缩短检查时间，并提供实时报告。在一个案例中，使用空间计算中的 AI 解决方案，针对损坏的检查时间从 30 分钟缩短到 3 分钟。[4]

为了帮助说明这一点，我们提供了两个案例研究，以展示公司如何利用空间计算中的 AI，并达到理想的指标、获得明显的效益。

洛克希德·马丁公司

洛克希德·马丁公司（Lockheed Martin）是一家航空航天和国防公司，在一个项目中，他们使用空间计算来缩短员工培训所需的时间。洛克希德·马丁公司使用微软的HoloLens 1（微软第一代混合现实头戴显示设备）并结合Scope AR（企业级AR解决方案供应商）的软件，将培训时间缩短了85%。[5] 在使用AR辅助技术后，猎户座太空飞行器制造过程的一个环节成本也降低了93%。通过微软的HoloLens和Scope AR开发的Worklink平台，曾经需要8个班次、每个班次8小时的工作时间缩短到了6小时。这些指标通常被作为经典案例宣传，以展示空间计算在为企业降低成本方面的好处，以及帮助优化高度复杂的项目的制造流程。

NBA Launchpad

为了提高球迷在家中和体育馆的观赛体验，NBA（美国男子篮球职业联赛）在不断尝试新兴技术，并且投资了多家专注于AI和空间计算的公司，以推动篮球运动的创新。参与NBA Launchpad项目的公司范围广泛，从利用计算机视觉和机器学习生成球员跟踪数据，到使用空间数据为低视力球迷创造三维音效体验。Action Audio 是三维音效技术背后的公司，它使用来自篮球监控计算机视觉系统的空间数据来设计音效体验。[6] NBA 是娱乐和体育公司的典范，使用 AI 和空间计算来提升球员福祉、为球迷提供沉浸式体验、利用技术来增强其 70 多年优质内容的数字图书馆，并从中发掘新见解。

NBA 还使用了被索尼公司称为"鹰眼"（Hawk-Eye）的三维光学跟踪技术。鹰眼由 4 个 4K 分辨率的摄像头组成，运行速度为每秒 120 帧。鹰眼的作用是实时协助裁判，通过摄像头捕捉球员的数据，比如手的位置数据，并将其应用于干扰球规则和物理定律。[7] 它输出一个"是"或"否"的回答，然后通过音频或手表实时发送给裁判。这一版本的鹰眼已在 2023—2024 年篮球赛季中得到使用。

借助 AI 和空间计算增强决策能力

通过 AI 在空间计算中的作用，用户还可以获得其他商业利益，其中之一是通过使用空间计算应用来增强决策能力。

本书作者伊雷娜·克罗宁的团队和凯西·哈克尔的团

队都已成为苹果公司 Vision Pro 的早期开发者，并正在使用最新的工具来创建新的 AI 驱动的空间计算工具，通过空间驱动的工具来增强决策能力。

下面是通过这些工具增强决策能力的两种重要方式。

➢ 实时数据分析和洞察：与传统系统相比，AI 和空间计算以更智能和更具上下文感知能力的方式处理、解释数据和将数据可视化。实时数据分析来自 AI 机器学习和深度学习分析大量数据并快速识别模式的能力。空间计算由地理空间集成和空间感知组成，通过计算机视觉提供物理位置和实体物体背景下的数据分析。这些都是 AI 和空间计算的一些特点，对各行各业都很有价值。

➢ 用于改善规划的预测分析：对未来趋势、客户行为和世界事件的洞察来自 AI 和空间计算。这些技术与各种数据集、更新的 AI 模型和空间环境的融合，将使企业能够做出新的明智决策，并增强其实时应对挑战的能力。

在使用这些工具来增强决策能力和优化流程时，我们必须就 AI 驱动的空间计算的严肃道德问题进行讨论。从解决隐私问题（与用户的时间、位置、数据输入和输出、手势、生物识别等有关）到确保 AI 算法的公平性和透明度，考虑到很多用于训练数据集的模型的黑盒性质，这本身就不是一件容易的事情。我们将在后续的章节中进一步详细阐述我们所担忧的问题，但我们希望确保，你在决定如何在企业中实施 AI 驱动的空间计算时，应将这些考虑因素放在首位。

监管环境一览

AI 已经受到数据偏见、AI 团队缺乏思维多样性、行业缺乏标准、全球范围内缺乏对道德问题的思考，以及 AI 技术与应用监管普遍滞后等方面的审查。

我们必须先在 AI 和空间计算的背景下审视当前的监管格局。

以下是一些现有法规和指南的简要梳理。

▶ 2023 年 10 月，美国《关于安全、可靠和可信地开发和使用 AI 的行政命令》。

▶ 欧盟《通用数据保护条例》（GDPR）。

▶ 欧盟《AI 法案》的提案。

我们看到的一些即将出台的新法规包括下面几项。

> 隐私法和地理空间数据。

> 地理空间数据基础设施法规。

> 虚拟航权。

> 自动驾驶汽车法规。

围绕AI以及未来围绕AI驱动的空间计算的监管紧张局势可能会通过以下方式对企业产生潜在影响。

> 允许公司搜集哪些数据。

> 允许公司将哪些数据输入其AI和空间计算系统。

> 为消除偏见而搜集和训练的数据类型。

> 在如何使用数据训练AI和为空间计算系统提供数据方面，为客户提供透明选项。

未来前景和准备

为了进一步分析和讨论，我们现在需要研究AI在空间计算中的未来前景，以及企业如何为AI驱动的持续转型做好准备。在2024年，AI仍将是企业的重要优先事项，但由于空间计算将开始进入商业话题，因此在未来几年的商业背景和商业前景中考虑AI和空间计算的融合非常重要。以下是企业可以着手准备的一些方法。

▶ 评估团队的技能。评估你的团队，看看他们是否具备将 AI 和空间计算应用于业务所需的能力。如果他们不具备，你的公司可能到了接受培训或与空间计算公司合作的时候了。

▶ 寻找在公司内部和面向客户的场景中采用三维和 AI 的机会。

▶ 重新思考你的数据。这些数据是如何被采集和存储的？数据对 AI 友好吗？

▶ 评估你的系统和基础设施。AI 和空间计算会使我们当前的很多系统过时。通过评估，你要了解哪些基础设施将支持 AI 和空间计算，哪些将被淘汰。

▶ 从试点开始。不要试图立即改变公司的一切。你可以选择一个领域尝试空间计算，使用 AI 和空间计算来控制过程、确定学习机会并评估可以从试点中获得哪些新指标。

结论：展望未来

在本章中，我们探讨了 AI 的发展及其在改变当今商业格局中的作用。然后，我们研究了 AI 如何在空间计算中发挥作用，以及利用这些技术的公司。

我们通过洛克希德·马丁公司和NBA的真实案例，展示了AI在空间计算中能够获得的商业效益。这些只是公司利用AI和空间计算拓展产品范围、提高产品质量和提高速度的两个例子。

虽然监管环境需要跟上，但随着更多AI和空间计算用例的出现，我们无疑会看到它们的发展。

我们怎么强调AI在空间计算时代所发挥的关键作用都不为过。尽管我们充满热情，但还必须讨论这些技术如何通过空间计算重塑商业的道德和监管问题。

在后续的章节中，我们希望以前瞻性的视角来探讨正在进行的AI革命及其对商业世界的潜在影响。

第 2 章
空间计算新时代的演进

空间计算具有超越 AR 和 VR 的深远应用,它提供了一种处理数据并将信息返给用户的新方法。空间计算不仅以三维形式显示图形并打造所有的表面空间界面,更重要的是,它能够通过 AI 在空间上思考和学习周围环境,并首次让机器从周围发生的事情中学习,而不是要求人类学习如何与机器互动。为了理解这些含义,我们首先必须深入探讨空间计算的起源,以及这种处理数据的方法和机器观察世界的能力是如何建立的。

了解基础

空间计算的起源可以追溯到人们在 AR、VR 和 AI 领域所做的工作。正是通过空间计算，这些技术以一种有意义和实用的方式融合在一起。虽然 AI 已经发展了几十年，但随着 OpenAI 的 ChatGPT 发布，AI 在 2022 年进入了革命性的时代。AR 和 VR 也已经发展了几十年，对一些人来说，两者都处于进化阶段，大家都在等待杀手级应用的到来。这就是为什么我们当前经历的时刻如此重要，因为它涉及这三者的融合。

正如前言中提到的，空间计算最早的学术定义是由西蒙·格林沃尔德在 2003 年提出的。格林沃尔德认为，机器可以以类似人类的方式与人类一起记忆和操纵真实的物体和空间，这将改变我们对生活中的计算机和其他机器的看法。工作和娱乐将会被永远改变，支持空间计算的机器将进入我们的办公室、制造工厂和家庭。

空间计算机能够理解数据、物体及空间对用户的意义，它将改变我们体验娱乐、理解故事和做出决策的方式。空间计算机将以全新的方式看待我们的世界，我们不必为空间计算创建新的指标。空间计算将以全新的方式显示已经搜集的数据。这会实现浪费减少、产出变化以及我们正在努力达成的其他指标。

从科幻小说到商业现实

当本书作者凯西·哈克尔还在 Magic Leap 工作时，她将空间计算描述为一种新的计算形式，其采用 AI 和计算机视觉将数字内容无缝融入某人的现实世界。Magic Leap 的时任 CEO 罗尼·阿博维茨在 2018 年的一篇文章中指出，他将空间计算设备和系统整体视为人脑的协处理器。阿博维茨描述了一个未来的平台，这个平台专注于以人为中心的 AI、环境理解和情境感知。[1] 虽然其与格林沃尔德的定义并不矛盾，但这种观点和其他类似观点都专注于计算机在物理世界中放置虚拟元素的能力，而不是计算机将物理元素带入虚拟世界的能力。

克里斯·李（Chirs Lee）在其 AWS 博客上发表的一篇文章同样将空间计算定义为"虚拟世界与现实世界的结合"[2]。AWS 的比尔·瓦斯将其定义为"所有物体、系统、机器、人及其交互和环境的潜在数字化（或虚拟化、数字孪生）"[3]。李的帖子关注的是空间计算作为一种生成和体验新型娱乐媒体的手段的潜在用途，而瓦斯的帖子则将空间计算视作一种协作体验的媒介。

微软同样将空间计算视为自我的延伸，用户通过设备感知周围环境，并以数字方式展示自己。以人为中心的 AI 是其空间计算概念中缺失的部分。但微软将空间计算提升为人机交互的下一阶段，将话题带回格林沃尔德对空间计算的关注，认为空间计算从根本上来说是人类和计算机之间的一种新型关系。

苹果公司和 Meta 公司都使用与格林沃尔德类似的语言对空间计算进行品牌宣传，但其重点是空间计算平台允许其他人存在的能力，无论是远程虚拟呈现的人还是显示屏中可看到的共同在场的人。

空间计算的工作定义尚未得到所有人的认同，因此我们在 2023 年年中决定，要制定一个用于商业世界的工作定义。

如前言所述，作为本书作者，我们提出的空间计算的工作定义如下：

空间计算是一种不断发展的以三维世界为中心的计算形式，其核心是使用 AI、计算机视觉和 XR 将虚拟体验融入物理世界，从而使人摆脱屏幕的束缚，并使所有表面都成为空间界面。它让人、装置、计算机、机器人和虚拟生物在三维空间中通过计算来辨识方向。它开创了人与人交互以及人机交互的新范式，增强了我们在物理环境或虚拟环境中对数据进行可视化、模拟和与之交互的方式，并将计算的范围从屏幕扩展到你所能看到、体验和了解的一切事物。

空间计算使我们能够与机器人、无人机、汽车、虚拟助手等一起探索世界，但它不仅限于一种技术或一种设备。它是软件、硬件和信息的混合体，使人类和技术能够以新的方式联结起来，它开创了一种新的计算形式，其对社会的影响可能比个人计算和移动计算对社会的影响更大。

空间计算如何运行

AI 在空间计算中的关键作用

多年来，AI 一直是 AR 的背后推手。即使基本的 AR 应用也需要识别环境，这是由计算机视觉驱动的。将物体放在一个表面上也是如此——这需要程序能理解表面在哪里，以及作为表面意味着什么，至少在程序中是这样的。

然而，计算机视觉并不完全等同于计算机学习和 AI。AI 有助于提高识别物体和场景的准确性和速度，并帮助程序利用这些信息完成更多的工作，例如手部追踪。这些系统还能让虚拟物体在现实世界中表现得可信。例如，一个平台如果只有基本的表面识别功能，那么用户可以在桌子上放置一个基本的三维模型，但这就是其全部的交互了。一个功能更强大的平台则可以让用户在实体桌子上放置一个虚拟角色，该角色可以在表面上可信地漫游，它甚至可以与该区域的其他物体进行交互。

Niantic 公司的 AR 游戏就是一个很好的例子。《口袋妖怪 Go》于 2016 年发布，用户可以通过摄像头在现实世界中看到其中的数字角色，但它们的互动性不强。对用户环境的基本了解会在一定程度上影响不同的口袋妖怪出现的位置，但它们出现之后，并不会与环境产生有意义的互动。

同样由 Niantic 公司创作的 *Peridot*（一款 AR 电子宠物游戏）于 2023 年发布，在很大程度上颠覆了这一玩法。其不再是在不同的环境下产生不同的、基本上不互动的虚拟角色，而是单个虚拟角色可以与不同的物理环境互动。该程序不仅可以分辨水和草，还可以识别花和动物——每一种环境要素都能引发虚拟宠物的不同互动。

计算机视觉和AR、AI，是创建有效空间计算的三个重要组成部分。计算机视觉让计算机通过摄像头和传感器"看到"真实世界的环境。计算机视觉系统可以让机器识别用户的空间环境。当与AI结合使用时，带有计算机视觉系统的机器能够参考与之交互的人类，开始预测、反应并做出决策。

想想生产线。制造工厂是人机互联的缩影。传感器、摄像头、机器人和人类共同协作，创造出最终产品。想象一下，如果给操作员配备一台空间计算机，他们将不再需要实体触摸屏来操作其工作站。空间计算机将监控操作员在一个工件上花费的时间和产出，并将该信息与工厂生产线的其余部分连接起来。空间计算机可以向操作员提供实时信息，告诉他们如何调整工作站以改进所有工件的生产。

AR是将数字元素叠加在物理世界上的构件。通过AR，机器及其用户可以开始了解虚拟物体的空间背景以及它们与物理环境和数字环境的关系。

AI可以识别我们的手势和肢体语言

类似地，很多空间计算应用需要识别人脸或身体的存在。有些系统使用追踪器和传感器来采集我们的身体动作数据，从而将用户呈现为虚拟的全身形象，用于远程与朋友和同事交流等场景。

先进的空间计算应用采用手势控制，因此还需要 AI 来识别和解释手指的动作。细微的手指动作跟踪可用于菜单导航和基本指令。但是，它也可以与空间计算平台对物理环境和虚拟环境的理解相结合，实现真实的手部与虚拟物体之间的自然交互。

类似的互动已经可以实现，但需要特殊的手套来跟踪手指运动，并向空间计算平台报告。这些产品的优点是它们还可以提供触觉反馈，让佩戴者真正感受到虚拟物体的存在。其缺点是，除了通常比较笨重之外，额外的硬件对普通消费者来说也过于昂贵。不过，这些应用确实有其用武之地，主要是在企业和研究领域。

对话式漫游

有些平台不通过手势操作，而是采用语音指令。很多这样的系统能够识别一组指令（非常有限）。根据复杂程度的不同，用户必须按照正确的顺序用正确的词语清晰地说出指令，这几乎就像一个个魔咒。随着技术的进步，即使我们用词不当、有口音或者在慌乱或沮丧的状态下说出这些指令，应用程序也能很好地理解我们的意思。

这可能是最近的 AI 发展令空间计算受益最大的领域。AI 的最新进展主要体现为一种被称为"大语言模型"（Large Language Model，简称 LLM）的特定类型的 AI，这种 AI 系统通过分析语言输入来生成自己的语言输出。考虑到空间计算的所有定义都将其视为人与计算机之间的关联，因此人类和计算机需要一种更好的沟通方式也就在情理之中了。大语言模型为这种交流提供了支撑。

想必很多读者都记得，我们学习了各种标准菜单系统，首先是针对台式电脑的，然后是针对移动设备的，或许后来又学习了针对 VR 头戴显示设备和 AR 眼镜的。甚至在现代计算机发明之前，人们就梦想着能以一种更自然的方式来与想象中的计算机进行交互。我们对日常使用的设备了如指掌，但人类是社会性动物，我们大多数人都觉得，在无休止的打字、点击、轻触和滚动之外，似乎缺少了点儿什么。

亚马逊已经通过 Echo Frames（智能眼镜）——Alexa 生态系统的一部分——将我们带入了这个世界，让我们可以将语音控制的"AI 助手"带到任何地方。亚马逊 Echo

（智能助手）可以充当我们手机和音频媒体（音乐、播客等）的免触控界面。当接入我们日益互联的家庭时，它可以设置恒温器，控制灯光，并回答我们在出门时问的"是否锁门了"这个永无休止的问题。

对大多数人来说，语音指令将是与空间计算设备和应用程序进行交流的一种便捷而自然的方式。但是，在某些情况下，我们别无选择。在本章的后面部分，我们将讨论空间计算在制造业等领域不断扩大的应用场景，其中包括用户双手忙于工作，无法通过触摸板或手势跟踪等系统进行输入的情况。

此外，AI辅助的语音指令将不仅仅是人们驾驭空间计算设备和体验的方式，它们也将成为人们驾驭AI本身的方式。AI为我们提供了看似无限的信息。很多人对网络浏览器上的AI聊天机器人感到失望，但这并不是AI的问题。只有当公司限制AI的潜力，迫使用户通过过时的控制系统与AI互动时，才会出现这种情况。

我们最早与机器学习和AI的互动是向其提供信息。现在，我们正处于这样一个时期：AI可以反馈信息（尽管仍然不能告诉我们太多我们不知道的信息），也可以产生自己的艺术作品和想法。穆斯塔法·苏莱曼（Mustafa

Suleyman）称这一时期为"交互式 AI"(Interactive AI)。

2010 年，苏莱曼联合创立了 AI 公司 DeepMind（深度思考）。当 DeepMind 后来变成谷歌的子公司时，苏莱曼出任谷歌的 AI 产品管理及 AI 政策副总裁。他一直担任这一职位，直到联合创立了 Inflection AI 公司。Inflection AI 开发了 Pi——一种 iOS（苹果移动操作系统）设备上的个人 AI，它可以帮助用户保持专注和条理清晰，或者在用户需要发泄情绪或探讨想法时与他们聊天。

交互式 AI 时代刚刚来临，AI 将与我们进行有意义的对话。我们不会只告诉它我们想要什么，它也不会仅仅告诉我们别人说过什么。相反，AI 和人类将携手合作，结合我们的优势甚至创造力，找到解决新问题的办法，并将艺术表达和娱乐推向新的高度。

超越对话

在苹果公司发布空间计算头戴显示设备几个月后，它又发布了 iPhone 15 和下一代的苹果手表。苹果手表是很多人拥有的最个人化的计算设备。事实上，它比人们更了解他们自己，能告知他们睡眠质量、心脏功能等信息。这样一款设备并不是作为一个独立的健康监测器而存在，而是作为其他联网设备星座中的一颗星而存在的。这预示着未来的发展方向。

这样的技术以及神经接口将使我们与技术的互动变得更加简单、更加自然，并且更加个性化、更加强大。

物体和场景生成

赋予空间计算平台看到和理解实体物体和场景的能力，这是 AI 在机器学习领域的一部分应用，研究人员近百年来一直在努力实现这一目标。然而，在过去一年左右的时间里，一种新型 AI 吸引了全世界的目光。这就是生成式 AI——AI 不是去理解已经存在的内容，而是去创造自己的内容。

AI 的这一分支正在迅速发展，从文本输入生成文本输出，到文本输入生成图像和视频输出，再到现在的一些可以让我们在虚拟世界通过对话的方式生成三维虚拟物体的应用。这种软件让没有编程或设计经验的人也可以打造自己的物体和环境，有望进一步推动空间计算体验的民主化发展。

人们首先想到的可能是娱乐空间，因为个人用户将能够创建自己的奇妙沉浸式体验和游戏。当然，这是一个强大的用例，但是我们可以想一下这种情况：一位特定领域的专家可以直接将其专业知识应用于培训模块或沉浸式课程计划，而无须学习开发工具或付费请专业设计师。

当然，至少在可预见的未来，我们仍然需要专业的设计师和经验丰富的开发人员。我们玩的大多数游戏和观看的大多数电影仍将由 AAA 级工作室制作（尽管这些工作室也将使用 AI 来减少工作量并加快制作速度）。我们希望教育工作者和小企业主这样的人（他们没有预算招聘开发人员，也没有时间学习编程）将能够为他们的学生或员工创造一些令人难忘的东西。

自动驾驶汽车、无人机和机器人的空间导航

空间计算不仅适用于人类。我们已经创造了各种各样的 AI 智能体，如机器人、无人机甚至自动驾驶汽车。然而，所有这些仍然需要一名人类"驾驶员"，即使驾驶员没有乘坐其中。由空间计算驱动的 AI 即将进入掌控一切的阶段。

这里有两种传感器在起作用。一种与支持 AR 体验的硬件和软件非常相似。摄像头充当智能体的眼睛，可以监

测路面上的标记、变化的交通信号，甚至道路上的动态障碍物，如其他汽车、物体碎片和行人等。

另一种传感器与我们人类拥有的任何感官都不同。它是智能体从其他联网设备以及互联网和卫星等来源接收信号的能力。

自动驾驶汽车：尽管无人驾驶汽车如我们所说的那样已向前迈出一大步，包括部分城市提供自动驾驶出租车服务，但这些自动驾驶汽车系统仍有大量的工作需要人们去做。

现代交通系统是为人类驾驶员设计的。传统的道路标记会让自动驾驶汽车无所适从，并且不是所有道路都具备可靠的标志或全年可见的标志。此外，在2017年，艺术家詹姆斯·布莱德尔（James Bridle）展示了人们可以通过在自动驾驶汽车周围画线的方式将它们"困住"。[4]虽然自动驾驶汽车在过去几年变得更加智能，但我们只能预测，人们会不断尝试超越它们。此外，在车辆安全方面，自动驾驶汽车不仅需要正常行驶，还需要万无一失。

同样，虽然自动驾驶汽车感知其他车辆、行人和路边智能基础设施的存在既有希望也有可能，但这些技术不仅要针对汽车本身成为惯例，还要在道路维护中成为惯例。

这也有其潜在的问题。路灯向无人驾驶汽车网络广播自己的位置以防止碰撞是一回事，但如果这意味着人们泄露自己的位置（即使是匿名的），那就是另一回事了。人们会选择类似的解决方案吗？那些不带手机或携带多部手机的人又该怎么办呢？

自动驾驶汽车背后的 AI，以及它如何做出人类驾驶员有时不得不做出的艰难决定，也是一个值得探讨的问题。关于自动驾驶汽车，我们可以提出无穷无尽的"电车难题"。如果行人在自动驾驶汽车通过十字路口之前进入街道，自动驾驶汽车是继续通过十字路口并危及行人，还是礼让行人并危及乘客的安全？自动驾驶汽车如何做出这样的决定？

无人机：与地面运输相比，无人机（无人驾驶飞行器）具有节省时间和费用的潜力。在自然灾害等事件发生后，应急服务部门会先使用无人机来确保一个地区的安全，然后派遣人员去提供救援。在新冠疫情期间，人们对无人机进行最后一公里送货也产生了浓厚的兴趣，因为它消除了又一个潜在的人际接触可能性。在后疫情时代，很多人仍希望尽量减少人际接触。

然而，无人机仍然需要人类操作员，有些人甚至将无人机和飞行器分成"自动驾驶"和"受监督的自动驾驶"两类。让它们完全自动飞行会进一步降低企业成本，降低消费者的开支，同时也会让企业更加可靠，因为很多企业的职位空缺现在很难填补。

无人机面临的一些挑战与自动驾驶汽车类似，一些潜在的解决方案也是一样的。例如，虽然天空中的潜在危险比地面上少，但自动驾驶无人机也需要避免撞上其他物体，包括其他无人机、商用飞机和客机、建筑物、树木甚至鸟。

与自动驾驶汽车类似，自动驾驶无人机和其他飞机可能会被要求广播自己的位置，以避免空中相撞。不过，鸟类不太可能遵守这个规定。此外，我们谈论的不仅仅是无人机意外撞上鸟，还要关注鸟故意攻击无人机的情况。2021年，无人机送货公司Wing在经历了一系列空中鸟类袭击事件后暂停了运营。[5]

在某些方面，无人机面临的挑战与自动驾驶汽车面临的挑战截然不同。例如，道路上的标记会告诉自动驾驶汽车可以去哪里，但对无人机来说，更重要的是知道它们不能去哪里。某些区域是无人机禁区，以保护人类的安全和隐私，并防止无人机与飞机相撞。人类飞行员能够避开这些禁区，但要教会无人机远离这些禁区会非常困难。

机器人：机器人与无人机类似，它们已经让某些工作变得更简单、更快捷、更安全。机器人可以用于搬运重物、处理危险物品，甚至可以在战斗情况中探索不安全的环境，并将信息反馈给人类操作员。很多人最先想到的机器人应用场景可能是探索海洋和太空——人类无法直接涉足的环境。但是，机器人仍然需要人工操作。在工业和国防领域最常见的应用案例中，操作员需要是"双重专家"：其工作领域的专家和机器人操作专家。

很多业内人士甚至采用了"协作机器人"（cobot）这个术语来描述与人类一起工作而不是独立工作的机器。很多人认可协作机器人的作用及其保持"人机回圈"（human in the loop，简称 HITL）的能力。的确，在某些任务中，人类操作员提供了必要的人类洞察力，但也有一些单调或危险的任务，是人类希望能完全摆脱的。

根据机器人需要完成的任务，它可能不需要像自动驾驶汽车那样移动。例如，在装配线上工作的机器人可以在产品经过时固定在一个地方。即使机器人确实需要移动，企业为适应计算机视觉而设计一栋建筑或一个办公区，也会比国家重新规划一个道路系统更容易。与自动驾驶汽车相比，在同一环境中不断处理相同任务的机器人也更不容易陷入道德困境。

最重要的是，机器人需要看到和理解的不一定是它们所处的环境，而是环境中的元素和物体。机器人可能永远不需要找到从 A 点到 B 点的路径，但它可能需要区分一个螺栓和另一个螺栓，以及知道哪个螺栓要拧紧到什么程度。这些任务需要的精度比一般的自动驾驶汽车或自动驾驶无人机需要的更高。

当然，我们已经瞥见了机器人离开工厂车间，走到我们身边时会发生什么。机器人在机械工程方面还有很长的路要走，更不用说在通用 AI，特别是计算机视觉方面了。AI 要想发挥作用，就必须能够在物理世界中执行任务，而这涉及一系列技能，这些技能与目前 AI 通过搜索互联网为我们所做的工作大相径庭。不过，空间计算的最大成就可能是让我们能够掌控虚拟世界，也可能是让虚拟智能体驾驭我们的物理世界。

当前应用

我们在探讨空间计算和 AI 的作用时，已经引入了很多成熟和新兴的行业用例。事实上，从游戏到制造业，各行各业都已经从空间计算技术中获益，比如刚刚介绍的那些，以及远程共现等一些更常见的用例。

交流和共现

远程协作是最早也是最常见的 VR 用例之一，这也许是因为几乎没有行业不能从中受益。大企业的员工通常分布在多个办公区域，即使小公司也越来越多地与分布在各地的团队和具有远程办公室的公司合作。

虽然有些会议仍然可以通过二维视频会议系统召开，但有些团队更喜欢 VR 会议和活动所带来的沉浸感。根据软件的不同，这种体验可能通过虚拟化身来提供，有些时候则通过容积捕获（volumetric capture）的方式来向虚拟世界进行实时三维广播。

欧洲金融集团法国巴黎银行于 2019 年在 Magic Leap One 可穿戴混合现实设备上推出了这项服务，让客户可以与虚拟的共现与会者进行远程会议。在会议中采用这项技术不仅仅是增加一把空椅子，还可以在实际与会者和虚拟与会者共享的空间中呈现房间的虚拟模型或其他三维虚拟辅助工具。由于需要专业的硬件，客户仍然需要前往办公室参加会议，但安排一场在不同国家或地区办公室的人也可以参加的会议将更快、更方便。当三维虚拟平面图探索取代了双方的实地拜访时，情况更是如此。

谷歌希望通过"星线计划"（Project Starline）以不同的方式提供类似的体验。"星线计划"不是使用头戴式设备，而是采用一个平板显示器作为"魔法窗口"。[6]专门的硬件和计算机视觉技术在空间上捕捉每个参与者，并在光场显示器中为每个人进行重构，这种"体积和深度感"在传统屏幕上是不可能实现的。根据谷歌的说法，这让每个参与者都可以与远程的对方"自然地交谈、打手势和进行眼神交流"——直接交流而不是对着摄像头交流。目前，"星线计划"仍处于研究阶段，与法国巴黎银行使用的混合现实头戴显示设备相比，它的普及程度更低。谷歌未来可能降低这款头戴显示设备的价格，以便让它能够普及。[7]

有些平台专注于将人们带入沉浸式虚拟空间，有些分布式办公的团队甚至拥有一些只存在于Virbela等虚拟世界中的"办公室"。Spatial（一个VR解决方案公司）推出了一款以企业为中心的远程协作工具，虽然它后来转向了艺术和文化领域，但由于其易用性和定制选项，它仍然被产业界采用。虚拟模型和资产可以使虚拟会议成为面对面会议的唯一替代方案。

VR 和 AR 设计正逐渐取代传统的创意策略，越来越多地使用生成式 AI 创建第一版模型，然后由人类设计艺术家对其进行完善和改进。所有团队成员即使并非都处在同一个物理空间，也可以协作查看这些虚拟模型，从而为公司节省团队差旅的时间和费用。此外，人们可以按照实物大小或更大的尺寸查看模型，而不会产生制作实体原型的费用。以这种方式设计的产品和系统通常会在整个产品生命周期中"重新呈现"初始的设计模型。

有些公司的产品一开始不是以虚拟模型的形式出现的，对它们来说，现在还为时不晚。像 Matterport（一个创建 VR 和 AR 体验的技术平台）这样的公司可以创建现有实体产品的数字孪生，或者创建某个区域的空间地图，用于工业应用、房地产或娱乐行业。这些解决方案曾经依赖于昂贵的三维摄像头（现在仍然需要高端专用硬件），而现在人们通常使用大多数智能手机上的摄像头。在一些情况下，使用数字资产的公司或制作人甚至不需要创建自己的模型。像 Treasury.space 这样的平台为虚拟模型和环境提供授权和分发服务。

正如设计团队可以使用 AR 和 VR 进行远程协作一样，制作团队也可以在必要时调用远程支持。现场的工程师、服务人员甚至应急响应人员都可以选择与办公室的远程专家共享他们通过设备上的摄像头拍摄的视图。然后，远程专家可以使用触摸屏绘制注释，而技术人员可以在自己的视野中看到。或者，技术人员可以简单地与远程专家进行视频通话，并通过镜头上的视频窗口看到他们。这样既不会让他们离开自己的工作岗位，也不会完全占据他们的注意力。

制造业

很多行业的培训依赖于视频模块和纸质参考资料（如产品照片）这一组合。从事装配和制造工作的工人在开始新工作时，可能会观看流程视频、跟随专家学习，然后带着成品的照片上岗。

这个过程相当安全，而且效果也非常好。但是，视频培训模块往往不够吸引人，跟随专家学习需要占用专家和学员的时间，而使用纸质参考资料非常麻烦，在繁忙的工作场所可能会分散工人注意力。在空间计算的帮助下，一些公司已经开始重新设计整个培训体验。

越来越多的视频培训模块被基于定制虚拟模型的AR或VR培训课程取代，这些虚拟模型是工人在工作中需要处理的零件和设备的精确数字复制品。有些公司专门制作了这些虚拟模型，用于培训或参考，而越来越多的公司在产品设计阶段就已经将这些虚拟模型准备就绪了。

在VR培训课程中，沉浸式环境可以是实际工作场所的数字版本。在AR培训课程中，工作人员可以置身于实际的物理环境，只有一些元素被虚拟模型取代。VR培训体验可能是类似于电子游戏的交互式体验，也可能更像是一次导游带领的旅行——通过专家的头戴式设备捕捉其执行任务的真实视频，让新来的工程师体验经验丰富的技术人员的工作。这些不仅可用于培训，工作人员还可以在任何时候进入这些录制的"记忆"，重新学习如何执行一项特定的任务。

当虚拟模型取代印刷的参考资料时，工作场所就会变得更加安全，因为工人们可以解放双手，抬起双眼。AR应用意味着设备佩戴者可以看到真实的物理环境，因为尽管VR训练和视频训练相比有所改进，但在VR参考资料之间来回切换和在纸质参考资料之间来回切换相比，并没有太大的改进。图像识别和物体识别还可以自动调用标准操作程序和材料安全数据表等额外信息。2019 年，洛克希德·马丁公司报告了在微软 HoloLens 上使用 Scope AR 公司的一款 AR 程序的情况，该程序帮助技术人员在猎户座太空飞行器中安装了 57 000 个电缆线束紧固件。结果这将原来需要 8 个班次的工作的时间缩短为 6 小时，从而使项目成本降低了 93%。[8]

越来越少的员工能够独自使用参考资料，甚至在远程专家的帮助下也是如此。AI 再次发挥作用，帮助工人了解工作流程、解决常见问题，甚至生成报告。在计算机视觉的帮助下，AI 驱动的程序可以识别机械的一个零件或部件，将其在物理世界看到的东西与数字参考模型进行比较，并提醒人类操作员其中的所有不一致之处。程序通常还会就如何纠正问题或如何进入装配的下一阶段提出建议。

AI 还能从每次交互中学习，掌握其初始知识库之外的知识，从而成为无处不在的专家。这不仅有助于记录和共享专家知识，还有助于为跨办公区和跨时区的常见交互编写最佳实践，以帮助公司提供更统一的产品和服务。

此外，我们要记住，这是一个循环往复的过程，即通过新兴技术实现的先进制造，使得能够推动制造业进步的新兴技术成为可能。Magic Leap 的一款混合现实的头戴显示设备能够支持前面描述的一些制造流程。该头戴显示设备本身是在捷普公司（Jabil）的帮助下制造的，而捷普公司使用 AI 预测供应链趋势、优化生产计划，并满足人们对这些先进技术日益增长的需求。[9]

数据可视化

AI 进入工业领域已有一段时间，但空间计算正在改变其影响力。正如我们已经讨论的，公司可以使用 AI 来评估趋势、做出预测，甚至测试不同的场景。但是，其结果通常是得到大规模的数据集，这些数据集仍然需要人类花时间来解读，并将其转化为人类的交流媒介，然后适当地传播。多亏了 AR 和 VR 平台可以将大量信息可视化，即使未经训练的人也能理解，这使得 AI 带来的各种洞察力能够产生立竿见影的、可操作的影响。

例如，BadVR 公司提供了一个"沉浸式分析平台"，邀请用户"走进你的数据"。该平台不仅在空间布局上提供数据和分析，还让用户可以实时测试不同的变量，这样他们就不只是查看过去的统计数据，还可以做出新的决策。该公司的产品之一 SeeSignal 让数据网络服务提供商能够实时对活跃服务区和非活跃服务区进行可视化,帮助他们在基础设施破坏事件(如暴风雨等)发生后更快地恢复服务。

人力资源

人们可能会认为,未来人力资源肯定还是一个人类可以把控的行业。虽然 AI 和 VR 并没有在这个高度个人化的领域取代人类,但这些技术无疑证明了自己是极其有用的工具。

正如 VR 可以用来培训技术人员进行产品装配一样,它也可以用来向管理人员传授软技能。Talespin 公司一直在开发 AI 驱动的课程,指导担任管理角色的员工如何与他人合作,包括进行解雇员工这样的艰难谈话。长期以来,该公司一直在使用 AI 为这些课程创建打动人心的角色,同时也采用了 AI 驱动的程序创建器,帮助人力资源团队创建个性化体验,以便在特定领域对团队进行培训。

空间计算不仅能帮助在职人员,还能帮助求职者顺利通过第一次面试。非营利组织丹·马里诺基金会(Dan Marino Foundation)利用空间计算和 AI 帮助神经多样性的学生准备工作面试。[10] 虽然神经多样性的求职者(如孤独症患者）通常在精神上非常适合高水平的工作，但他们往往在人际沟通方面存在困难，这让他们很难在面试中表现出色，尽管他们拥有令人印象深刻的技能和职业道德。事实证明，接受这种面试准备的首次求职者的前景远好于其同类求职者的平均水平。

这些场景是如何产生如此大的影响的？主要通过两条途径。首先，神经多样性的个体经常会存在社交焦虑，因此模拟面试可以让他们为真正的面对面面试做好准备。其次，其使用的头戴显示设备搜集了每个学生的信息，比如他们的眼球聚焦在哪里，这使得人类教练可以给他们个性化的建议，比如更好地进行眼神交流。

游戏

全世界大约有 27 亿人自我认定为"游戏玩家"。[11] 游戏产业的价值超过了电影和音乐产业的总和。与传统游戏一样，有些游戏是一个人单独玩的，而有些是高度社交化的。空间计算令游戏世界兴奋不已。移动设备上的 AR 游戏正在改变游戏的本质，在功能日益强大、价格越来越低廉的设备上，不断增长的 VR 游戏市场使游戏比以往任何时候都更具沉浸感。

玩家单人操控的 VR 游戏通常会让他们有机会探索来自成熟 IP（知识产权）的熟悉世界，比如《星球大战：银河边缘的故事》或《浴血黑帮：国王的赎金》等。还有一些 VR 游戏是围绕与他人一起玩耍和社交的场景而设计的，比如大受欢迎的 *Rec Room*（《小游戏室》），该游戏已宣布其将成为苹果 Vision Pro 的首发游戏。

还有一些游戏介于单人叙事驱动游戏和社交游戏之间，永远不会重复两次。*Demeo*（《德米欧》）也是苹果 Vision Pro 的首发游戏，其是经典桌面角色扮演游戏的空间计算版。玩家可以独自进入虚拟世界，与电脑扮演的坏人一决高下，也可以与同时在场或远程共现的朋友组队。*Demeo* 的另一个有趣之处在于，它提供了 VR 版与二维版游戏之间的"交叉游戏"，从而为那些从更熟悉的桌面游戏世界进入该游戏 VR 版本的玩家提供了一个潜在的跳板。

虽然这些不是传统游戏，但一些品牌已经开始推出虚拟零售店。Lacoste、Tommy Hilfiger 和 Crate&Barrel（一家高端连锁精品店）是 2023 年推出虚拟商店的零售商中的几个例子。在 Lacoste 的虚拟商店里，顾客被邀请寻找隐藏在商店里的所有鳄鱼（其公司标志）。Tommy Hilfiger 的零售购物体验"汤米平行帆船俱乐部"会提示用户搜集所有的漂浮宝石。Crate&Barrel采用的方法略有不同。用户与数字商店中的产品进行互动后，某些商品会变得栩栩如生，比如餐桌物品会从架子上飘下来，并摆放到餐桌上。空间计算让知名品牌能够进一步发展其虚拟商店，增加适用于顾客的功能并更加个性化。在《游戏改变世界》一书中，简·麦戈尼格尔（Jane McGonigal）将所有优秀的游戏描述为具有"引人入胜的目标、有趣的障碍和精心设计的反馈系统"[12]。知名品牌环境中的空间计算可以利用游戏元素创造新的购物体验，吸引那些可能需要对其采用超越普通营销的手段的购物者。

游戏中的空间计算为开发者和玩家带来了很多新的体验。增强的沉浸感、改进的图形效果、针对残障人士的无障碍游戏，以及改进的音频和社交互动是游戏中的空间计算必须提供的一些功能。

然而，受影响的不仅仅是游戏行业。是的，开发者能够创造新型游戏，突破他们的想象力极限。但是，品牌和企业也有机会在游戏中拥抱空间计算。随着品牌在Roblox（游戏平台）和《堡垒之夜》等网络游戏中推出地图和产品，以及开设虚拟商店，空间计算将为这些体验锦上添花，将虚拟商店变成实体地标位置的数字孪生体。顾客可以通过游戏激发购物热情，商店员工可以通过游戏提供优质的客户服务，或根据实时、游戏化的商店管理进行决策。空间计算将拓展边界，增强体验，并让每个人都能享受游戏的乐趣。

媒体、体育和娱乐

空间计算在体育领域的应用由来已久，以至于大多数人都认为这是理所当然的。在现场直播的橄榄球比赛中，进攻路线和码线可能是我们很多人第一次体验 AR 的形式，尽管当时很少有人意识到它的重要性。当然，从那时起，空间计算已经取得了长足的进步，其在体育运动中的应用也是如此。

Snapchat（色拉布）等 AR 平台一次又一次地改变了体育迷之间的互动方式。它们通过滤镜让用户涂上虚拟脸部彩绘或穿上球衣，并且都可以使用自己最喜欢的球队的颜色，或者在屏幕上分享自己的照片和视频，同时显示实时比赛比分。一些球队还全力推出了比真人还大的 AR 形象，在球迷到达体育场时向他们致意，或者让他们在现场观看比赛时通过手机屏幕看到我们在电视上了解到的 AR 便笺。

空间计算还为人们在家观看体育比赛提供了新的方式。球迷可以通过 Meta Quest 在虚拟的前排座位上观看很多场篮球比赛，苹果公司在 2020 年收购了一家专门从事空间体育转播的公司 NextVR。[13] 虽然我们还没有看到这一举措的成果，但可以肯定的是，空间运动观看也将成为苹果 Vision Pro 的一项功能。此外，在这款头戴显示设备的发布会上，苹果公司还宣布用户从发布第一天起就可以在 Vision Pro 上体验"迪士尼+"流媒体服务。

很多其他应用程序和流媒体服务也允许用户观看 VR 电影。有些应用程序将观众置于事件之中，还有些更像是一个虚拟电影院，屏幕感觉比现实中更大。有些应用程序甚至让观众可以在虚拟影院中与朋友一起观看电影，这些朋友以虚拟形象的形式出现在座位上。

重量轻、价格实惠的 XREAL Air AR 智能眼镜最受欢迎的功能之一是切换屏幕。这些眼镜兼容各种消费娱乐设备和流媒体平台。此外，它们可以在巨大的虚拟屏幕上显示电子游戏、电影、电视节目和 YouTube（优兔）等流媒体应用上的内容。

AR 还能以更动态的方式增强娱乐体验。2019 年，HBO（一家网络电视媒体公司）与 Magic Leap 和 AT&T

（美国电话电报公司）联手打造了一个名为"死者必须死：一场 Magic Leap 遭遇战"的混合现实体验，其灵感来自美剧《权力的游戏》。[14] 该体验（在部分商店提供）基于该剧中君临城这一背景的实体布景，并将之转换为一场与虚拟"异鬼"的混合现实战斗。

这种雄心勃勃的体验通常由数据网络服务提供商托管，因为先进的连接技术是托管高保真、低延迟混合现实体验所需的新兴技术之一。虽然有些人仍然生活在尚未普及 5G 互联网的地区，但 AT&T 等公司已经开始关注 6G 互联网及更高速的网络，以提供必要的网络速度来满足这些新型数据服务的需要，如"容积频谱共享"（volumetric spectrum sharing）。

挑战和机遇

本章介绍了近期的一些经验与教训，一些有进取心的公司目前正在利用这些技术做些什么，以及随着这些技术和应用的发展，未来可能会发生什么。下一章将更具体地介绍空间计算与 AI 的融合，而后续的章节将更深入地探讨开创性的用例，以及这些技术趋势可能会把我们带向何方。

结论

我们探索了空间计算的基础、工作原理及其当前的应用。我们还讨论了当前面临的挑战和机遇。我们希望这将成为后续章节的基石,在下一章中,我们将探索空间计算与 AI 之间的共生关系。

第 3 章

共生：空间计算与 AI

AI 和空间计算改变了游戏规则，开创了数字世界与物理世界无缝融合的新时代。这不是我们之前时代的升级或新版本，而是一个全新的世界。

空间计算为我们带来了 AR 和 VR 等技术，让我们能够以之前从未想过的方式与三维空间进行互动，并在其中移动。借助 AI 及其学习、分析和决策的能力，我们看到了一个强大的组合，它正在开启通向无限可能性的大门。

我们可以将 AI 视为这一切背后的大脑，正是它让机器能够理解并驾驭复杂的三维空间。无论是在繁忙的城市中寻找最佳的穿越路线，还是为航天器设计零件，AI 都可以通过筛选海量的空间数据来发现模式、做出预测并提供远超人类能力的见解。这提升了空间计算的潜力，使应用程序更智能、更直观，且效率高得惊人。

这不仅仅是技术上的空谈，它正在改变我们的生活和工作的方式。在 AR 和 VR 中，AI 使这些体验更具互动性和逼真性，打破了我们与数字世界之间的障碍。当我们谈到行业时，这项技术对医疗健康等行业来说是一件大事，AI 驱动的 VR 正在彻底改变医疗专业人员的培训和手术准备方式。除了培训之外，在规划和设计方面也是如此。在城市规划和建筑领域，AI 可以帮助专业人士在虚拟空间中测试和调整他们的设计，然后再在现实世界中破土动工。

别忘了还有机器人。当你为机器人配备了 AI 时，它们不再只是机器——它们很聪明、适应性强，能够应对复杂的任务和环境。从工厂到外太空，这些 AI 驱动的机器人正在重新定义可能性，让任务变得更安全、更高效、更有趣。

简言之，AI 和空间计算的融合是一个巨大的飞跃。这不仅是为了让事情变得更好，更是为了开辟一个充满全新可能性的世界，解决棘手的问题，并探索未知的领域。随着我们迈入这个新的时代，这些技术的融合有望以我们刚刚开始想象的方式重塑我们的世界。

AI 驱动的空间应用概述

AI 已成为塑造空间计算应用的基石。AI 与 AR 和 VR 等空间技术的融合不仅是对现有功能的增强，也是一种变革性的转变，正在重新定义我们与环境和虚拟空间的互动方式。这些 AI 驱动的空间应用正在彻底改变导航、培训、设计、农业等各个领域，正是这些领域的改变展示了这项技术的应用广且深。

用 AR 导航世界：这种技术融合最直接的影响之一体现在 AR 导航和寻路应用上。这些应用程序利用 AI 在 AR 中提供实时、直观的导航指引，这在陌生的环境中特别有用，可以帮助用户轻松找到方向。通过将数字信息叠加到现实世界，这些应用程序使导航更具互动性和提供更大的信息量，从而显著增强用户体验。

虚拟世界中的培训：在培训和教育领域，AI 驱动的 VR 模拟正在改变游戏规则。医疗健康、航空和军事等领域已经从这项技术中获益。受训者可以在逼真、无风险的虚拟环境中练习和磨炼技能，为应对现实场景做好准备。AI在VR中的应用提供了一个安全而高效的培训场所，彻底改变了传统的培训方法。

通过AI与世界互动：AI在提升AR体验方面的作用还延伸到了物体识别领域。现在，AR应用程序可以利用AI来识别现实世界中的物体，并与之互动。无论是扫描二维码、实时翻译文本，还是通过图像识别提供产品的详细信息，AI正在使AR在日常生活中更具互动性和实用性。

利用AI感知空间：空间数据分析是AI正在产生重大影响的另一个关键领域。通过分析空间数据，AI有助于人们在城市规划、资源管理和灾害应对方面做出明智的决策。在企业和政府规划和执行关于空间优化及数据驱动的战略中，这一应用程序尤其重要。

彻底改变设计和零售业：在工业和室内设计领域，AI驱动的应用正在改变空间的规划和可视化方式。从优化工厂布局以提高效率，到帮助用户在虚拟展厅中将自己的生活空间可视化和个性化，AI在让设计更易于获取和定制方面发挥着关键作用。

促进医疗健康和游戏行业的发展：AI驱动的空间应用在医疗健康领域也取得了长足进步，VR环境被用于手术模拟和患者诊断。在游戏行业，AI被用来创建更动态、更灵敏的环境，使游戏体验更具沉浸感和互动性。

农业和城市规划的进步：在农业领域，AI对空间数据的应用正在改善农作物管理和优化耕作流程。同样，在城市规划方面，AI模型模拟了各种空间配置，这有助于城市的发展和规划。

在虚拟空间中协作：空间计算和AI的结合正在彻底改变我们远程协作的方式。通过让参与者能够在共享虚拟空间中互动，这些技术正在加强团队合作和沟通，打破距离障碍和其他物理限制的障碍。

总之，AI与空间计算技术的融合正在创建大量应用，改变着我们对物理环境和虚拟环境的感知、互动和操控方式。这种共生不仅提升了用户体验，还解决了各个领域的复杂问题，标志着技术创新和应用进入了一个新时代。

机器人技术是AI和空间计算相结合的一个重要领域，因此我们接下来用一整节的篇幅来讨论它。

机器人技术

AI与机器人的融合标志着我们技术能力的重大发展，效率、精度和自动化程度提升到新水平。这种融合催生了一系列 AI 驱动的机器人，每种机器人都是针对特定的任务和环境量身定制的，重塑了各行各业执行任务的方式。从仓库的内部运营到浩瀚的外太空，AI 在机器人技术中的应用不仅优化了现有流程，而且带来了我们曾经无法企及的新可能性。

仓库中的自主机器人

- 功能：仓库中的 AI 机器人旨在自动执行货物的分拣、包装、分类和运输等任务。这些机器人使用传感器、机器视觉和 AI 算法在仓库地面上按导航移动，避开障碍物并优化路线。
- 影响：通过将重复性任务和体力要求较高的任务自动化，这些机器人提高了运营效率，减少了错误，并减少了移动货物所需的时间。这可以加快订单执行速度，提高供应链效率。
- 技术进步：先进的机器学习模型使这些机器人能够根据实时数据不断改进其性能。与仓库管理系统（WMS）的集成确保了库存水平和订单处理同步。

机器人手术助手

- **功能**：在医疗健康领域，机器人手术助手配备了 AI，可以使外科医生在手术过程中实现更高的精确度和更强的控制力。这些系统通常配备由外科医生控制的机械臂，其具有比人手更强的灵活性和稳定性。

- **影响**：AI 在机器人手术中的应用有助于最大限度地减少切口、缩短患者康复时间，并降低并发症的风险。通过提高空间感知能力，这些机器人可以进行更精确、创伤更小的手术。

- **技术进步**：AI 算法可以通过分析患者数据和医学影像来协助规划手术程序。实时反馈和机器学习可以帮助外科医生在手术过程中做出更明智的决策。

农业机器人

- **功能**：AI 驱动的农业机器人可用于执行播种、除草、收割和监测作物健康状况等任务。它们利用传感器和 AI 来评估土壤条件、植物健康状况和最佳收获时间。

- **影响**：这些机器人提高了耕作的效率，减少了对体力劳动的需求，并最大限度地减少了水和化肥等资源的使用。这将带来更高的作物产量和更可持续的耕种方式。
- **技术进步**：机器学习模型使这些机器人能够适应不同的作物类型和环境条件。无人机和机器人地面车辆协同工作，将提供有关作物健康和生长模式的全面数据。

送货机器人

- **功能**：自主送货机器人使用 AI 在城市环境中确定路线并运送包裹。这些机器人通常配备摄像头、GPS 和传感器，以确定最佳路线并避开障碍物。
- **影响**：送货机器人为"最后一公里"送货问题提供了解决方案，缩短了送货时间，降低了成本。在传统送货车辆面临挑战的人口密集的城市地区，它们的作用尤其明显。
- **技术进步**：先进的导航算法和实时数据处理使这些机器人能够在繁忙的城市环境中安全运行。与网络零售平台的集成确保货物可更高效地调度和跟踪。

机器人测绘与勘探

- 功能：用于测绘和勘探的 AI 机器人可以冒险进入未知或危险区域，例如深海环境或外星球。它们可以搜集数据、采集样品，并提供这些区域的详细地图。
- 影响：这些机器人能够探索人类无法进入或过于危险的环境，扩大我们对这个世界及更多领域的理解。它们对于科学研究、资源发现和环境监测至关重要。
- 技术进步：该领域的机器人经常使用 AI 进行自主决策，这使其能够适应突发情况。机器学习算法有助于处理和解释在勘探任务中搜集的大量数据。

机器人制造与装配

- 功能：在制造业，AI 驱动的机器人可执行装配、焊接和喷漆等任务。这些机器人经过编程，通常可在协作环境下与人类并肩工作，执行精确的和重复性的任务。
- 影响：使用这些机器人可以提高生产效率、改善产品质量并提高工人的安全性。它们可以适应不同的任务，使生产过程更加灵活。
- 技术进步：机器视觉系统和触觉传感器使这些机器人

能够处理精密部件并适应不同的装配条件。AI 算法使它们能够从环境中学习，并随着时间的推移提高任务执行能力。

老年人和残疾人机器人助手

- 功能：这些 AI 驱动的机器人可协助老年人和残疾人完成日常任务，提供陪伴，并增强其行动能力。它们可以执行诸如取物、用药提醒以及为身体运动提供支撑等任务。
- 影响：这些机器人助手可以帮助用户进行日常活动，减少对人工持续护理的需求，从而提高用户的生活质量。这可以提高老年人和残疾人的独立性和福祉。
- 技术进步：AI 使这些机器人能够理解和响应语音指令、识别物体、学习个人偏好和生活习惯。它们还可以监测健康数据，并在紧急情况下向护理人员发出警报。

自动驾驶汽车和无人机

- 功能：自动驾驶汽车和无人机利用 AI 进行空间导航，

这在运输、监控和送货等应用中至关重要。这些系统配备了传感器、摄像头和 GPS，使它们能够了解周围的环境并确定路线。

- **影响**：在交通领域，自动驾驶汽车将彻底改变我们的出行方式，减少交通事故，调节交通流量。无人机可用于空中监视、农业监测和快速运送货物等。
- **技术进步**：机器学习算法使这些车辆和无人机能够根据环境数据做出实时决策，从而提高安全性和效率。传感器技术和数据处理的不断进步正在增强其功能和可靠性。

建筑和拆除机器人

- **功能**：在建筑行业，AI 驱动的机器人可执行砌砖、焊接和拆除等任务。这些机器人可搬运重物，能够在恶劣的环境中工作。
- **影响**：在建筑和拆除工程中使用机器人可以使人类从事的危险任务减少，从而提高安全性。它们还能提高效率，因为机器人可以连续、精确地工作，加快施工进度。
- **技术进步**：这些机器人通常使用 AI 来规划和执行任务，

以适应不同的施工场景。它们可以自主工作，也可以与人类工人协同工作，使不同的施工过程更具灵活性。

搜索救援机器人

- 功能：在灾难场景中，配备 AI 的搜救机器人可以在瓦砾和危险环境中穿行。它们可以在人类救援人员可能无法到达的地方找到并帮助幸存者。
- 影响：这些机器人在紧急情况下可发挥重要作用，能够快速搜索大片区域，并向救援队提供实时数据。它们可以在遭受自然灾害或结构倒塌的环境中工作，有可能挽救生命并缩短响应时间。
- 技术进步：这些机器人配备了热成像、音频探测和其他传感器，可以识别生命迹象并在废墟中穿行。机器学习算法帮助它们改进在复杂环境中的搜索模式和决策。

机器人玩具和伴侣中的 AI

- 功能：AI 增强了机器人玩具和伴侣的功能，使它们具有互动性和学习能力。这些机器人可以识别人脸、响应语音指令并适应用户偏好。
- **影响**：机器人玩具和伴侣具有娱乐价值和教育价值，尤其对儿童而言。它们可以通过互动游戏帮助儿童学习语言、数学和其他技能。对成年人来说，它们提供陪伴，甚至可以做到日常提醒和协助完成任务。
- **技术进步**：自然语言处理和机器视觉的进步使这些机器人能够以更像人类的方式进行互动，理解语言和视觉提示并响应。

太空探索中的机器人

- **功能**：太空探索中的AI机器人可在极端环境中运行，进行实验、搜集数据，甚至对航天器和卫星进行维修。
- **影响**：这些机器人将我们的触角延伸到太空，使我们能够探索行星、卫星和小行星。它们提供了关键数据，可帮助我们了解宇宙以及地球以外可能存在的生命。
- **技术进步**：太空探索机器人可使用AI进行自主导航和决策，这在无法与地球进行实时通信的环境中尤为重要。

自主清洁机器人

- 功能：配备 AI 的清洁机器人可在办公室和家庭住宅等室内空间自主导航，清洁地板和家具。它们使用传感器来绘制工作区域图并避开障碍物。
- 影响：这些机器人在保持清洁方面更加便利和高效，特别是在医院、办公室和酒店等大型场所。它们可以自主运行，腾出的人力资源可以执行其他任务。
- 技术进步：传感器技术和 AI 算法的不断改进提高了这些清洁机器人的效率，改善了其清洁效果，使它们能够覆盖更大的区域并处理不同类型的表面。

AI 增强的机器人外骨骼

- 功能：AI 支持的机器人外骨骼是一种可穿戴设备，可以为行动不便的人提供帮助。这些系统使用传感器和 AI 来适应用户的动作，并根据需要提供帮助。
- 影响：这些外骨骼增强了残疾人或受伤后进行康复训练的人的活动能力和独立性。它们可用于康复训练并辅助日常工作，提高用户的生活质量。
- 技术进步：传感器技术和 AI 的进步使这些外骨骼能够

适应不同程度的移动性,并提供个性化支持。这提高了用户的舒适度和所提供帮助的有效性。

教育机器人

- **功能**:AI 驱动的教育机器人可用于吸引学生参与学习活动。这些机器人可以教授各种科目、回答问题,甚至评估学生的学习进度。
- **影响**:这些机器人使学习更具互动性和吸引力,尤其是在科学、技术、工程和数学等方面。它们可以提供个性化的学习体验,培养学生解决问题的能力和批判性思维能力。
- **技术进步**:AI 使这些机器人能够适应不同的学习方式和水平。它们可以评估学生的反应,并相应地调整教学方法,使教育变得更加方便有效。

机器人检查与维护

- **功能**:专为检查和维护而设计的 AI 机器人负责监控和维护关键基础设施,例如管道、桥梁、电力线路和工业设备。这些机器人配备了传感器、摄像头，有时甚至有无人机，可以进入人类难以到达的、危险或不可能进入的区域并进行评估。

- 影响：这些机器人的应用显著提高了基础设施维护的安全性和效率。通过及早发现潜在问题并进行日常维护，它们有助于防止事故和代价高昂的停机。在石油和天然气、能源和交通运输等基础设施故障可能造成严重后果的行业，这些机器人至关重要。

- 技术进步：机器视觉、传感器技术和 AI 算法的进步使这些机器人能够准确地监测到异常、裂纹、腐蚀和其他磨损迹象。有些机器人配备了机械臂，可就地进行维修，而有些则使用无人机进行空中检查。

酒店及服务机器人

- 功能：在酒店业，AI 驱动的机器人用于提供各种服务，包括客房送餐、餐饮服务和宾客协助。这些机器人可以在酒店和餐厅中穿梭，与客人互动，提供服务或信息。

- 影响：在酒店环境中使用机器人有助于快速有效地响

应客人的需求，从而提升客户服务水平。它们可以处理重复性任务，让人类员工专注于更复杂的客户服务，从而提高整体运营效率。

- **技术进步**：这些机器人通常将 AI 与自然语言处理相结合，可以用多种语言与客人互动。它们的导航系统非常先进，在酒店大堂或餐厅楼层等拥挤的动态环境中也可以行动自如。

安全机器人

- **功能**：AI 增强型安全机器人旨在巡逻和监控仓库、企业园区和公共空间等大型区域。它们结合使用摄像头、传感器，有时还使用面部识别技术来监测未经授权的活动或潜在的安全威胁。
- **影响**：这些机器人通过提供持续的监控，尤其是在对人类安保人员来说具有挑战性或危险性的区域提供持续的监控，强化了传统的安全措施。它们可以迅速提醒人类操作员注意潜在威胁，从而提高响应速度和整体安全性。
- **技术进步**：先进的机器学习算法使这些机器人能够区

分正常活动和可疑活动。有些机器人配备了热成像仪，可进行夜间巡逻，有些则通过整合不同来源的数据，如安全摄像头和警报器等，进行全面监控。

零售机器人

- **功能**：在零售业，自主机器人可协助人们完成顾客寻路、库存管理和提供产品推荐等任务。这些机器人可以在商店过道中穿梭、与顾客互动以及执行库存检查。
- **影响**：零售机器人通过为顾客提供信息和帮助，提升购物体验，从而提高顾客的满意度。对零售商来说，这些机器人可以提供高效的库存管理，确保货架上库存充足，降低缺货的可能性。
- **技术进步**：这些机器人使用机器视觉来识别产品和评估库存水平。有些机器人还配备了与顾客互动的交互式屏幕，其 AI 算法可以根据顾客的查询和购买模式提供个性化推荐。

　　AI 驱动的机器人在这些不同行业的部署展示了机器人应用的多样性和潜力。无论是维护关键基础设施、提升客户服务水平、增加安全性，还是改善零售体验，这些机器人不仅优化了流程，还为创新和客户参与开辟了新途径。通过将先进的 AI 与精密的机器人系统相结合，这些应用正在为多个行业的效率、安全和服务质量设立新标准。

AI 如何改善用户体验

AI 在空间计算中的应用开创了用户体验的新时代，人类与数字环境之间的交互比以往任何时候都更直观、更具沉浸感和更个性化。AI 是这些进步的基石，显著增强了 AR 和 VR 应用的功能。正如我们一直所说的，AI 的影响力遍及各行各业，改变了我们感知和使用数字内容并与之交互的方式。AI 与空间计算的融合不仅使这些体验更具吸引力，而且可以根据个人用户的需求和偏好进行定制，从而扩大其适用性和影响力。

AI 给 AR 和 VR 领域带来的最显著的改进之一是增强了逼真的物体交互。通过复杂的 AI 算法，这些环境中的虚拟物体可以按照近似现实世界的方式被人操纵并与人互动。这一进步极大地提升了沉浸感，让用户感受到与虚拟环境更深层次的联系。此外，AI 驱动的自然语言理解和语言识别技术也取得了长足的进步，使得用户与 AR 和

VR 环境的交流更加自然和直观。用户现在可以使用语音指令与虚拟物体进行交互，过程更流畅、更人性化。手势识别技术的融入进一步增强了这种直观体验，使用户能够通过自然的手部动作和手势来移动和控制他们所处的虚拟环境。

AI 在空间计算中的作用是它不仅能改善用户交互，还能提高用户体验的整体质量和相关性。AI 驱动的空间映射和感知使 AR 和 VR 系统对物理环境有更深刻的了解，从而可以更准确地放置虚拟物体，增强混合现实体验的真实感。个性化是 AI 产生重大影响的另一个关键方面。通过分析用户偏好和行为，AI 可以为个人用户量身定制 AR 和 VR 内容，使体验更具吸引力和针对性。从根据游戏中的用户行为实时进行调整的动态环境，到 AI 驱动的故事叙述和逼真的医疗健康模拟，AI 正在重塑空间计算中用户体验的格局。AI 的全面融合不仅通过改善视觉和听觉效果来增强这些体验的美感，还通过为残疾人用户提供便捷功能来确保包容性。从本质上讲，AI 是让 AR 和 VR 体验更加以人为本、更加便捷，并与现实世界产生共鸣的驱动力。

以下是其具体应用方面的更多详细信息。

讲故事：在 AR 和 VR 中，AI 驱动的故事叙述将用户体验提升到了一个新的水平。通过自适应叙事和角色，故事可以根据用户的决策和行为展开，为每个用户创建独特的个性化旅程。这些 AI 系统使用复杂的算法来分析用户的选择，实时调整故事情节。这种方法允许故事有多个分支，用户的每个决定都会导致不同的结果，其类似于一本自选情节的冒险故事书，但采用的是数字交互的格式。这项技术在教育和娱乐应用中尤其有用，因为在这些应用中，引人入胜的故事情节非常重要。

医疗健康模拟：医疗健康模拟中的 AI 提供了前所未有的真实性和交互性。通过模拟患者的行为和反应，AI 为医疗健康专业人员提供了逼真的实践场景。这包括复制各种医疗状况和患者对治疗的反应，从而提供多样化的培训体验。这些模拟有助于医疗专业人员做好应对真实情况的准备，可以让他们在无风险的环境中学习诊断技能、诊察态度和手术技巧。

眼动和视线追踪：在 AI 驱动下，VR 中的眼动和视线追踪技术可通过眼球运动进行控制，以此增强用户互动。该技术可追踪用户的视线并相应地调整 VR 环境，从而实现无须手部操作的导航和交互。在手动交互受限或不可行的场景中，这一功能特别有用，例如在无障碍应用或复杂的训练模拟中。它还增加了沉浸感，因为环境会对人类最自然、最直观的行为——注视，做出反应。

情感识别：在AI驱动下，AR和VR中的情感识别为这些技术增添了同理心。通过监测和分析用户的面部表情、声调和生理反应，AI可以根据用户的情绪状态定制体验。这项技术可用于在游戏玩家感到沮丧时调整游戏难度，或根据观看者的情绪反应改变故事情节，从而使体验更具同理心和吸引力。

增强和生成的视觉效果：在AR和VR中，AI驱动的图像处理和图像升频显著提升了这些体验的视觉质量。通过使用机器学习和生成式AI等技术，即使输入的图像质量较低，这些系统也可以生成高分辨率的、逼真的图像。这种增强对于创建具有沉浸感、有视觉吸引力的环境是必要的，尤其是在虚拟旅游或房地产展示等对逼真度要求较高的应用中。

噪声消除：VR中的AI增强的噪声消除功能可以滤除背景噪声并增强空间音频，从而改善音频体验。这项技术可以为我们营造完全沉浸式的环境，因为清晰且具有方向性的声音与视觉保真度同样重要。无论是在游戏、模拟训练还是在虚拟会议中，有效的噪声消除都能确保用户专注于 VR 体验，不受外界干扰。

便捷性：AI 驱动的 AR 和 VR 的便捷功能让这些技术更具包容性。通过提供语音指令或眼动追踪等替代输入方法，以及语音描述和其他调整辅助方式，AR 和 VR 可供各类残疾人用户使用。这种包容性使得我们可以将 AR 和 VR 的优势扩展到更广泛的受众，以确保每个人都能体验这些技术的奇妙之处。

模拟培训环境：AI 为各行各业创造了高度真实且适应性强的培训环境。在航空和制造等领域，这些模拟为用户提供了一个安全、受控的环境，以练习和磨炼他们的技能。AI 算法可以模拟真实世界的场景、机械运动甚至紧急情况，提供与实际工作状况密切相关的全面培训体验。

动态物体行为：AI 可以让 VR 环境中的物体和角色表现出动态的智能的行为。这项功能意味着虚拟物体可以基于对周围环境的感知行动并做出反应，以适应用户交互和环境的变化。在游戏和模拟中，虚拟世界能以逼真且可信的方式对用户的行为做出反应，因此其场景更加真实和引人入胜。

总之，AI 通过提升用户体验的深度、真实性和个性化，彻底改变了空间计算领域，特别是 AR 和 VR 技术。将 AI 融入这些领域，不仅使用户与数字环境的交互更加直观、更吸引人，而且为个性化和自适应体验开辟了新的可能性。从创造沉浸式的互动故事到在医疗健康领域提供高度逼真的培训模拟，AI 已被证明是一股变革力量。通过眼动和视线跟踪使用户界面更加自然，以及根据用户情绪做出具有同理心的响应，AI 在这些方面都取得了重大进展。此外，AI 还大幅提升了 AR 和 VR 体验的视觉和听觉效果，使其更加逼真和更有沉浸感。

将 AI 纳入空间计算还解决了更广泛的需求问题，比如便捷性等，确保这些先进技术具有包容性，可供更广泛的用户使用。虚拟环境对用户行为的动态适应，以及这些环境中物体和角色的智能的行为，都证明了 AI 在该领域不断发展的能力。

总体而言，AI 不仅增强了 AR 和 VR 中的用户体验，而且显著拓展了这些技术在各个行业的潜在应用，使其更加通用、高效且易用。这种融合标志着我们与数字环境互动并从中受益的方式实现了重大飞跃，为未来更多的创新和沉浸式体验铺平了道路。

商业益处和人类获得的其他益处

AI 和空间计算的融合正在彻底改变商业世界和人类生活的方方面面。这种强大的结合不仅重塑了商业的运营方式，还以多种方式提升了人类体验。从提高运营效率到提供沉浸式娱乐体验，AI 和空间计算之间的协同作用将使未来实现技术与日常活动的无缝融合。

在商业领域，AI 和空间计算在提高效率、增强决策能力和降低成本方面发挥着重要作用。AI 处理和分析海量数据的能力与空间计算的沉浸式交互能力相辅相成，从而带来更明智的决策和高效的运营。由 AI 驱动的个性化客户体验正在改变零售和服务行业，提供新的参与方式并让客户满意。此外，通过这些技术获得的竞争优势正在帮助企业在快速发展的市场中保持领先地位。

在商业领域之外，AI 和空间计算给人类带来的好处同样显著。在医疗健康领域，AI 辅助诊断和治疗与 AR 和 VR 应用相结合，正在改善患者护理和治疗结果。通过 AI 增强的学习体验和交互式空间计算应用，教育和培训行业正在被重新定义，教育更具吸引力和有效性。娱乐和游戏行业正在经历一场复兴，提供沉浸式互动体验，而这曾经只是科幻小说中的情节。此外，这些技术在提高便捷性和包容性、为残疾人提供辅助解决方案，以及通过优化资源管理促进环境可持续发展方面发挥着重要作用。

当探索 AI 和空间计算的多方面影响时，我们会发现，这些技术不仅是商业创新的工具，也是提高人类生活质量的催化剂。它们正在重新定义可能性，将挑战转化为机遇，并在几乎所有领域开辟新视野。

通过 AI 和空间计算实现商业变革

在当前的商业格局中，AI 和空间计算的融合已成为一股变革力量。这些技术不仅改进了现有流程，还重塑了流程，提高了效率，增强了决策能力，降低了成本，提供个性化的客户体验，并提供了竞争优势。

提高效率和生产力：AI 在提高运营效率方面的作用是巨大的。通过将日常任务自动化，AI 系统可以释放人力资源来从事更复杂和更具创造性的工作。例如，AI 算法可以比人类更快、更准确地分析大型数据集，识别可能被忽视的模式和异常情况。这种功能在银行欺诈监测或零售需求预测等领域尤其重要。

空间计算还可以优化工作流程。例如，在制造业中，空间计算工具可以设计工厂布局,以最大限度地提高效率,还可以模拟装配线流程,甚至可以实时指导机器人和工人,减少错误并提高生产率。一个值得注意的例子是亚马逊在其仓库中使用的 AI 和机器人技术,其 AI 算法预测订单趋势,机器人协助分拣和运输货物,大大加快了订单履行流程。

增强决策能力:AI 驱动的数据分析为企业提供了深刻的洞察力,有助于其做出更明智的决策。AI 系统可以筛选大量数据,提供可行的见解,预测市场趋势并识别客户偏好。此功能使企业能够根据数据驱动的见解而不是根据直觉做出决策。

空间计算可以通过易于理解的格式将复杂的数据可视化。例如,在房地产领域,空间计算可以在三维空间将市场趋势和房地产数据可视化,帮助投资者和开发商就建造或投资地点做出更明智的决策。摩根大通在这方面提供了一个很好的研究案例,其利用 AI 分析法律文件并提取关键数据点,每年减少了超过 36 万小时的资料审查时间。

降低成本:AI 能够简化运营和提高效率,非常有助于降低成本。在供应链管理中,AI 算法可以预测需求并优化库存水平,减少浪费和存储成本;在制造业中,AI 驱动的预测性维护可以在设备故障发生之前进行预测,从而避免代价高昂的停机。

空间计算在远程操作中也发挥着关键作用。在工业领域，例如采矿和石油勘探领域，空间计算可以远程监控现场，减少人员现场操作，从而减少差旅和人员成本。英国石油公司部署 AI 和空间计算来远程监控石油钻井平台，显著降低了运营成本。

个性化客户体验：AI 通过实现大规模个性化彻底改变了客户体验。AI 驱动的推荐系统，例如网飞和亚马逊使用的系统，通过分析用户偏好来推荐产品或内容，从而提高用户的参与度和满意度。

在零售业，空间计算创造了沉浸式的购物体验。得益于空间计算技术，网络购物中的虚拟试穿和交互式三维模型变得越来越受欢迎。宜家的 AR 应用就是这一领域的一个成功案例，它可以让客户在购买前直观地看到家具摆放在他们家中的情形，从而显著提高了客户满意度，降低了退货率。

竞争优势：最后，AI 和空间计算为企业带来了竞争优势。它们使企业能够更快地创新，更敏捷地响应市场变化，并提供独特的客户体验。特斯拉等公司将 AI 和空间计算集成到其汽车中以实现自动驾驶功能，这使它们有别于传统汽车制造商。

利用 AI 和空间计算的企业未来的竞争前景广阔。随着这些技术的进步，它们将继续为企业提供超越竞争对手的新方法，无论是通过增进对客户的了解、提高运营效率，还是通过产品和服务创新。

AI 和空间技术给人类带来的其他益处

空间计算和 AI 处于技术创新的前沿，对人们日常生活的各个方面都产生了重大影响。这些技术不仅推动了行业的发展，还增强了医疗健康、教育、娱乐、无障碍环境和环境可持续性等众多领域的人类体验。通过利用 AI 的数据处理能力和空间计算的沉浸式特性，我们正在见证一个变革的时代。在这个时代，技术不仅仅是一种工具，而且是推动进步和创造更具包容性、更高效率和可持续的解决方案的合作伙伴。在本节中，我们重点关注 AI 和空间计算的各种意义深远的益处，展示它们在塑造更美好的未来中的关键作用。

改善医疗健康

由于 AI 和空间计算的发展，医疗健康行业正在经历一场变革，这将提高患者的护理水平和治疗效果。

- AI 辅助诊断和治疗：与人类医生相比，AI 算法能以更高的精度和更快的速度分析医学影像，从而彻底改变目前的诊断方法。例如，AI 系统可以检测 X 射线和核磁共振成像中的异常，在早期阶段识别癌症等疾病，从而增加成功治疗的机会。在治疗方面，AI 模型可用于预测病人对不同疗法的反应，从而实现个性化医疗。

- 利用 AR 和 VR 的 AI 辅助手术：事实证明，AR 和 VR 可在手术过程中发挥重要作用。外科医生可在手术过程中使用 AR 在患者身体上叠加数字覆盖层，获得实时三维解剖信息，从而提高精度并降低风险。VR 模拟也可用于外科手术培训，使外科医生能够在虚拟环境中练习复杂的手术，在不危及患者安全的情况下提高他们的技能。

- 远程医疗中的空间计算：空间计算技术正在通过远程医疗扩大医疗健康的覆盖范围。偏远或服务欠缺地区的患者可以通过远程医疗平台咨询和获得诊断，这些平台可利用空间计算提供互动性更强、内容更全面的医疗咨询。这项技术特别有利于监测慢性病和提供心理健康服务。

- 患者治疗效果和医疗服务的可及性：AI和空间计算在医疗健康领域的融合可改善患者治疗效果。更快和更准确的诊断、个性化的治疗方案、微创手术是其带来的直接的好处。此外，这些技术使医疗健康服务变得更为便捷，减少了地理障碍，并能够实现对患者的持续监测。

教育和培训

AI和空间计算正在通过提升学习体验和促进技能发展来重塑教育格局。

- AI提升学习体验：AI可根据学习者的特点和进度调整教学内容，从而实现个性化学习。AI系统可以评估学生对某个主题的理解程度，并提供定制的资源或练习。这种个性化的方法有助于学生弥补与他人的学习差距，并提升整体教育体验。
- 互动教育中的空间计算：空间计算通过AR和VR为教育带来沉浸式体验。学生可以探索虚拟实验室、历史遗址，甚至三维人体模型，这使学习变得更有吸引力、更有效。例如，医学生可以使用VR模型进行解剖练习，获得一种实践学习的体验，而无须进行实体解剖。

- **技能发展和知识转移**：空间计算工具还有助于职业培训中的技能发展。例如，VR 模拟被用于培训机械师、电工和飞行员，使他们能够在安全、受控的环境中练习。这种实践经验可以提高技能的掌握程度，使学习者在进入现实世界的场景前就做好了准备。

增强的娱乐和游戏

娱乐和游戏行业是受 AI 和空间计算影响最明显的行业之一。

- **沉浸式游戏体验**：AI 和空间计算可以创造深度沉浸式游戏体验。AI 算法可以生成响应玩家动作的动态游戏世界，为每个玩家创造独特的体验。VR 和 AR 使游戏栩栩如生，让玩家沉浸在三维世界中，增强临场感和参与感。
- **空间计算对娱乐的影响**：除游戏外，空间计算还正在改变其他娱乐形式，例如电影和现场活动。AR 应用可以在博物馆和主题公园提供互动体验，而 VR 应用则可以让用户虚拟体验音乐会或旅游目的地。
- **为用户带来的娱乐益处**：这些技术给用户带来了显著

的娱乐益处，提供了更具互动性和吸引力的新娱乐形式。它们还为那些身体条件不允许的人提供了无障碍的休闲活动。

便捷性和包容性

AI 和空间计算让技术变得更为便捷和包容。

- **为残疾人赋能**：AI 和空间计算技术可提供辅助解决方案，提高残疾人的独立性。例如，AI 驱动的语音助手和眼动追踪软件使行动不便的人能够与技术互动。AR 可用于在屏幕上为耳聋人群提供手语翻译，而 VR 可模拟训练和康复环境。

- **辅助技术和包容性设计**：这些技术鼓励人们在软件和硬件开发中采用包容性设计。AI 算法可以调整界面以满足个人需求，空间计算可以创建专为无障碍培训和认知定制的虚拟环境。

- **改善无障碍环境的成功案例**：AI 和空间计算改善无障碍环境的成功案例不胜枚举。微软的"看见"（Seeing）AI 应用为视障人士展示了世界，而谷歌的"优音"（Project Euphonia）则帮助有语言障碍的人进行交流，这些都是知名的例子。

环境益处

AI 和空间计算在环境可持续性方面也发挥着重要作用。

- AI 驱动的资源优化：AI 可以优化能源和农业等行业的资源利用。例如，AI 算法可以预测能源需求，实现更智能的电网管理并减少浪费。在农业领域，AI 可以预测农作物产量并优化灌溉和施肥，从而节约资源并提高效率。
- 空间计算促进可持续实践：空间计算有助于可持续实践的可视化和规划。例如，VR 可以模拟建设项目的环境影响，帮助规划者做出更加环保的决策。AR 应用可以一种吸引人的方式向公众宣传环境保护。
- 减少环境影响：通过优化资源利用和协助可持续规划，AI 和空间计算有助于减少人类活动的环境足迹。这些技术为监测和减轻气候变化的影响提供了工具，是向更可持续的未来迈出的重要一步。

总之，AI 和空间计算不仅仅是技术进步，还代表了我们在医疗健康、教育、娱乐、无障碍环境和环境可持续性方面的范式转变。它们所产生的深远影响不仅仅是给我们带来便利，其还为改善人类生活和环境带来了众多的好处。

AI 和空间计算的未来趋势

AI 与空间计算的融合不仅重塑了当前的技术，同时也为开创性的未来趋势铺平了道路。这些发展有望极大地扩展 AI 驱动的 AR 和 VR 的功能和应用，影响我们生活的各个方面。下面我们来详细探讨一下这些趋势。

日常生活预测

在不久的将来，AI 和空间计算将无缝融入我们的日常生活，将家庭、工作场所和公共空间改造成反应更灵敏、互动性更强的环境。脑机接口、AR 和 VR 等人机界面的进步将彻底改变我们与技术交互的方式。

与日常生活无缝融合：未来，我们可以期待 AI 和空间计算将更加无缝地融入我们的日常生活。这种融合将不局限于智能手机和计算机，还包括日常生活中的物体和环境。随着 AI 驱动的空间计算技术嵌入这些环境的结构中，家庭、工作场所和公共空间将变得更具互动性，响应能力更强。

先进的人机界面：能够实现更自然的人机交互的界面的发展迫在眉睫。未来的界面可能会依赖于生物识别技术，用户只需通过思考就能控制 AR 和 VR 环境。这项技术将彻底改变我们与数字内容的交互方式，使体验变得更加直观、更易获得。

无处不在的 AR 和 VR：AR 和 VR 将在教育、医疗、娱乐和零售等各个领域变得更加普及。在导航、购物和社交互动等日常任务中，我们将看到更多的 AR 应用，而在远程工作、虚拟旅行和沉浸式学习中，VR 将变得更加普遍。

空间感知中 AI 算法的进步

未来的 AI 算法将大大增强 AR 和 VR 的空间感知能力。这些进步将使我们能够实时创建高度精确的、详细的三维世界地图，从而提高 AR 和 VR 体验的真实性和交互性。

提升为现实世界绘制地图的能力：未来的 AI 算法将具备更复杂的空间感知和地图绘制功能。AR 和 VR 设备因此能够实时创建高度精确的、详细的三维世界地图，从而提高 AR 和 VR 体验的真实性和交互性。

预测和情境感知：AI 系统将更加擅长理解和预测用户行为和环境情境。这一发展将使 AR 和 VR 体验更加个性化以及与情境相关，其中的内容不仅会动态地适应用户的操作，还会适应他们的预期需求和偏好。

实时环境交互：我们可以预见，AI 的进步将使我们与不断变化的环境实时交互。例如，AR 系统可用于在施工现场叠加数字信息，实时显示施工进度的变化，或者在紧急情况下为现场响应人员提供关键信息。

扩大 AI 驱动的 AR 和 VR 的范围

AI 驱动的 AR 和 VR 有望彻底改变教育、医疗健康、社交互动、城市规划、娱乐和环境可持续发展等领域。它们将提供沉浸式的学习体验，通过先进的诊断方法和远程手术改善医疗健康服务，并改变虚拟空间中的社交和协作体验。在城市发展中，它们将为更智能的城市规划和基础设施管理做出贡献。在娱乐行业，我们将看到更多个性化内容，而道德和隐私问题将变得越来越重要。

强化学习和技能发展：AI驱动的AR和VR未来趋势将对教育和技能培训产生重大影响。这些技术将提供更加沉浸式和具有互动性的学习体验，在安全和受控的环境中模拟从医疗领域到机械领域的各种职业的真实工作场景。

医疗创新：在医疗健康领域，AI和空间计算的前景尤为广阔。我们可以期待更先进的诊断工具、基于患者数据分析的个性化治疗方案，甚至通过AR和VR平台进行的远程手术。

社交和协作体验：AI增强的AR和VR将改变社交互动和协作工作。这些技术将创建虚拟空间，让人们可以像亲临现场一样在其中进行互动和协作，从而打破地理障碍，建立一个联系更加紧密的世界。

智慧城市和基础设施：AI和空间计算将在智慧城市的发展中发挥重要作用。这些技术可用于城市规划、交通管理，并通过更高效、响应更灵敏的系统来提升公共服务水平。

个性化娱乐和媒体：在娱乐领域，我们将看到更多由AI驱动的个性化和互动的内容。电影、游戏和其他媒体将适应用户的偏好和反应，为每个观众或玩家创造独特的体验。

道德和隐私考虑：随着 AI 和空间计算变得越来越普及，道德和隐私问题将变得越来越重要。发展这些技术时，我们需要考虑数据隐私、安全性和 AI 决策的道德影响等问题。

环境可持续性：最后，AI 和空间计算将极大地促进环境的可持续发展。这些技术将有助于有效管理资源、监测环境变化和发展可持续的实践。

总之，AI 和空间计算拥有巨大的潜力，有望改变我们与世界交互以及彼此互动的方式。这些进步将带来新的机遇和挑战，重塑各个行业和我们日常生活的各个方面。随着这些技术的发展，它们将提供更加沉浸式、个性化和高效的体验，这预示着一个人机交互的新时代的到来。

结论

当回顾 AI 与空间计算之间共生关系的广阔历程时，我们可以清楚地看到，这种技术融合不仅具有变革性，而且对未来的技术进步具有奠基作用。AI 具备分析能力，空间计算具备将数字信息集成到物理世界的能力，这两种能力之间的相互作用为各行业的众多突破性应用奠定了基础。

AI拥有先进的算法、数据处理能力和学习机制，是空间计算背后的大脑。在AI驱动下，AR和VR环境不仅仅是静态的一维界面。相反，它们演变成动态的、交互式的领域，可以理解、适应甚至预测人类的需求和行为。这种融合创造了更直观、更加沉浸式和个性化的用户体验，从根本上改变了我们与数字信息交互的方式。

商业世界是这一技术融合的主要受益者之一。AI和空间计算彻底改变了运营效率、决策机制和客户参与度。它们使企业能够以前所未有的方式利用数据，从而做出更明智的决策和制订创新的解决方案。从制造和物流到营销和客户服务，它们都产生了深远的影响。此外，这些技术所带来的成本节约和竞争优势改变了游戏规则，使企业不仅能够在日益数字化的环境中生存，还能蓬勃发展。

除商业应用外，AI和空间计算对人类的益处也非常显著。在医疗健康领域，它们改进了诊断、治疗甚至外科手术的程序，改善了患者的治疗效果，并且更为便捷。教育和培训已转变为更具吸引力和更有效的体验，打破了传统的学习障碍。娱乐和游戏在沉浸感和互动性方面达到了新的高度，给人们提供了无与伦比的娱乐体验。此外，它们在便捷性和包容性方面取得的进步值得注意，因为它们为残疾人开辟了充满可能性的新世界。

这些技术的环境效益也值得认可。AI 与空间计算对可持续发展实践和资源优化做出了重大贡献，为一些最紧迫的环境挑战提供了创新的解决方案。

展望未来，AI 和空间计算的潜力无限。我们预计会拥有更先进的 AI 算法，它可用于空间感知，从而扩大 AR 和 VR 应用的广度，加深其深度。这些技术将继续模糊物理世界和数字世界之间的界限，提供更加沉浸式、个性化和高效的体验。从智慧城市和基础设施到个性化媒体和医疗健康创新，所有行业都会感受到它们的影响。

总而言之，AI 与空间计算的融合不仅仅是技术进步，更是我们感知世界以及与世界互动的方式的范式转变。随着我们不断探索和挖掘它们的潜力，这些技术不仅有望改变各行各业，而且将丰富人类的体验，使我们与技术的互动更加自然、直观和有益。未来的旅程既令人兴奋又充满希望，它无疑将塑造我们的数字和物理世界的未来。

第二部分

AI 驱动的空间计算时代的领导力

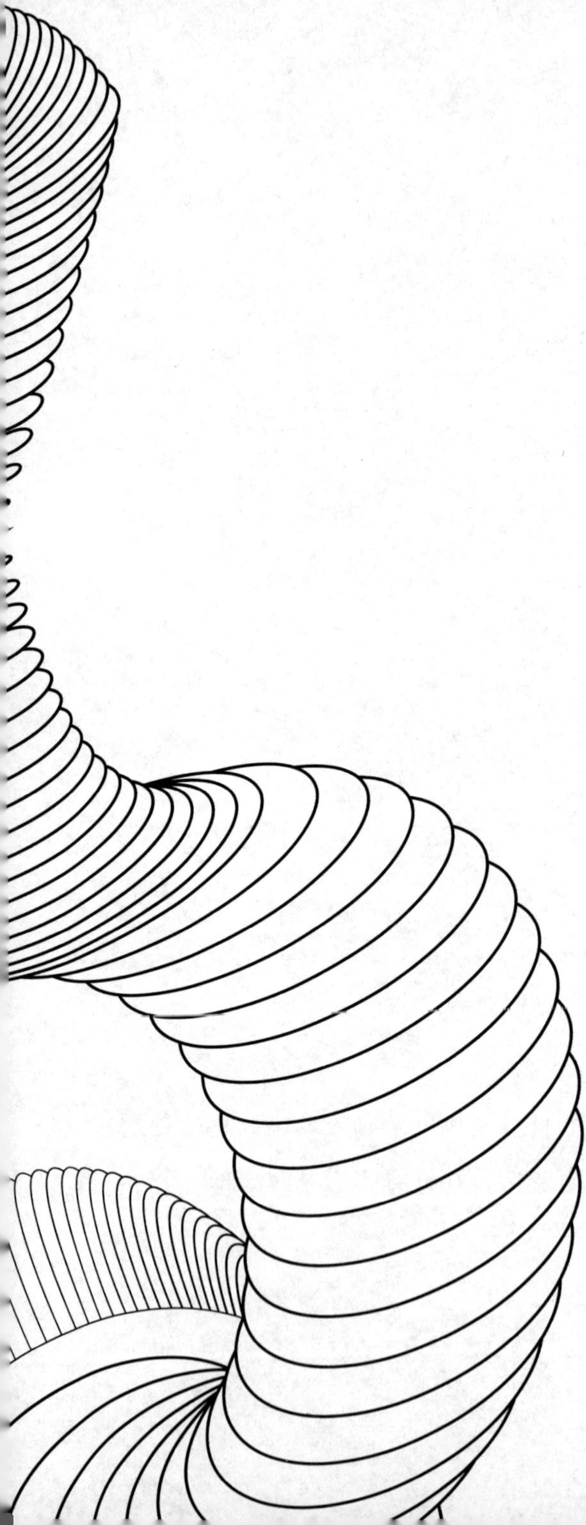

第 4 章
开拓性案例研究：交叉领域的领导者

本书的大部分内容都与未来有关，即探讨随着这些新兴技术的不断融合和成熟，我们将会面临什么。不过，这并不完全是我们预测的问题。已经有一些公司致力于 AI 和空间计算的交叉领域了。其中有些公司正在闭门造车，仅偶尔展示其产品和项目，还有些公司将开放性放在首位，并渴望合作。

处于空间计算和 AI 交叉领域的大型科技公司

很多大型科技公司在空间计算领域处于领先地位。它们有能力为创新项目提供资金支持，并且有能力获取多种技术，从而成为该领域的领导者。微软、谷歌、Meta、苹果和亚马逊都有推动空间计算发展的项目。微软和亚马逊的云服务与其 AI 和可穿戴设备相结合，就是大型科技公司成为空间计算领导者的例证。空间计算是多种技术的融合。这些公司利用各自的资源，认识到空间计算的重要性，并不断突破该技术的界限。

微软

有很多因素使微软成为空间计算领域的领导者。Azure 云、HoloLens 混合现实设备及其 AI 产品 Copilot，都展示了微软在空间计算技术方面的投资。

安迪·威尔逊（Andy Wilson）是微软的一位合作研究员，多年来一直在研究空间计算技术和应用。[1] LightSpace 早在 2012 年就是一个结合表面计算和 AR 的项目，其可以在任何表面上创建交互式空间。DreamWalker 是一个将 VR 与 GPS 位置、由内向外追踪和 RGBD（红、绿、蓝、深度）帧融合在一起的项目，让人可以在 VR 中实现在真实世界不同位置之间的行走，此外还有一些其他的示例。[2] 最近的一些研究，比如佩奥德·潘达（Payod Panda）和其他人 [包括杰伦·拉尼尔（Jaron Lanier），术语 VR 的创造者] 的研究《超越音频：将耳机作为交互和传感场所的设计空间》，证明了为什么微软是该领域的领导者之一。[3]

谷歌

谷歌建立在算法和机器学习的基础之上，而算法和机器学习是实现空间计算所需的 AI 基础。谷歌 Bard（现已更名为 Gemini）和谷歌助理 AI 处于空间计算和 AI 的交叉领域。谷歌智能镜头使用基于视觉的算法来搜索图片。谷歌早期通过谷歌眼镜进军可穿戴设备领域，但此后转向智能手表，例如谷歌 Pixel 手表，以及谷歌 2019 年收购的 FitBit。

亚马逊

亚马逊从一家网络书店起步，已经走过了漫长的道路。亚马逊是一家以多种方式引领空间计算技术交叉领域的公司，它拥有 AI 产品 Alexa、云服务平台 AWS、自动化仓储机器人、送货无人机，亚马逊网站上还有产品"AR 视图"功能。亚马逊意识到未来科技趋势是三维内容、交互和计算。在 2022 年亚马逊"re: invent 大会"上的主题演讲中，亚马逊首席技术官沃纳·威格尔（Werner Vogels）说："三维很快就会像视频一样普及。"[4]

亚马逊非常重视空间计算，因此设立了"空间计算高级经理"这一职位。担任这一职位的海迪·巴克（Heidi Buck）认为，AWS 是构建空间计算体验的最佳场所，因为亚马逊拥有基础设施、合作伙伴、开放数据理念以及具有深厚空间背景的技术专家。

在 2023 年的亚马逊"re: invent 大会"上，AWS 发布了"Amazon Q"，这是一个生成式 AI 驱动的工作助理。Amazon Q 是一个专注于特定业务的生成式 AI。它可以回答有关文档、工作流程甚至编码辅助的问题。另一场演讲展示了开发人员如何利用 AWS 为苹果 Vision Pro 构建应用程序。在苹果 Vision Pro 中，AWS 开发人员可以从云端显示三维模型并渲染场景。[5]

亚马逊推出机器人是为了保障工作场所的安全，并更快捷地为客户送货。在亚马逊，有超过 75 万台机器人与员工协同工作。[6] 它们的形式包括机械臂、自主移动机器人以及基于计算机视觉和机器学习的包裹识别机器人。[7] 在亚马逊，员工在处理包裹时不需要用一只手持扫描仪进行手动扫描，而是可以用双手自然地处理包裹。

亚马逊尝试使用多种类型的 AI、机器人、计算机视觉和人机交互，以提高产品交付给客户的速度。其中一个例子是移动机器人，它可以在抓取、搬运、整理物品的同时自由移动。

苹果

毫无疑问，苹果公司是空间计算交叉领域的领导者。其 Vision Pro 将与具有空间视频录制功能的新款 iPhone 一起成为具有突破性的设备。早在 Vision Pro 发布之前，苹果在空间计算技术领域的领先地位就已经开始形成。苹果公司的 AI、Siri 语音助手、苹果手表和苹果耳机中的触觉控制以及苹果设备之间的无缝连接都是其空间计算生态系统的一部分。

当谈到改变人机界面时，苹果公司可谓首屈一指。无缝连接的、用户友好的界面是每款苹果设备的核心。苹果公司的核心理念是设计出能够提前考虑人类需求的机器，而设计的一部分就是构建。苹果公司在行为、预测、运动规划和架构等方面使用自主规划算法。[8] 苹果公司表示，它处于机器学习、AI 和传统机器人技术的交叉领域，这有助于开发雄心勃勃的创新项目。

Meta

马克·扎克伯格将脸书变成了一家元宇宙公司。Meta

Quest 设备通过大语言模型 Llama 2 进军 AI 领域，以及 Meta 与雷朋公司的合作，使 Meta 成为空间计算领域的领导者。Meta 的研究部门提出了未来人机交互的概念，例如"Ego How-To"（自我指南）。[9] 它结合了 AI 和混合现实技术，可在任何情况下提供帮助和教学，同时提供实时反馈，以让人们取得最佳结果。Meta 的研究旨在让 AI 掌握人类的技能，这也是空间计算的关键特征之一——机器向人类学习。

你需要了解的空间计算领导者

　　微软、谷歌、亚马逊、苹果和 Meta 都是 AI 和空间计算领域的佼佼者，但这个领域并非只有它们。在本节中，我们介绍了处于空间计算交叉领域的公司。这些都是空间计算优先的公司，它们了解三维设计、交互以及物理世界与虚拟世界融合的本质。AR 建模、自主机器人和 AI 设计领域的领导者为我们提供了一个不同的视角，让我们了解如何利用空间计算。

　　由于空间计算包含很多不同的技术，我们对空间计算领导者部署其技术、工具和专业知识的不同领域进行了细分。空间计算仍然处于技术创新的前沿。这些领导者认识到了自己的优势、各自的业务以及能够有效应用空间计算技术的领域。

使用 AR 和 AI 的公司

空间计算是 AR 和 VR、传感器、摄像头、计算机视觉、AI 的融合。在本节中，我们重点介绍将 AR 与 AI 结合起来创建空间计算解决方案的空间计算领域领导者。

Argyle

Argyle 是一个提供与实物大小一致的现场 AR 建筑的信息的建模平台。该公司由 CEO 马雷特·撒切尔（Maret Thatcher）创立，他是建筑行业空间计算的先驱。[10] 撒切尔看到了全息影像的出现，并知道 Argyle 可以在建筑的最初阶段使用。该平台提供了一种在破土动工之前现场查看原型蓝图的新方法，这种方法还可以用于施工期间或施工完成之后的维护和改造，以提高工作效率和加快速度。

Argyle 将 AI 和 AR 融入"情景全息图"。该全息图可以在施工现场的任何位置放置、构建和编辑。Argyle 必须使用场景处理来实时绘制、理解和虚拟构建地形。

PTC 的 Vuforia

PTC 是一家全球性的软件公司，专注于工作场所数字化，包括从计算机辅助设计到物联网集成的各个方面。Vuforia 是 PTC 的 AR 产品线。Vuforia 将经过训练的 AI 与人类专家的见解相结合，创造出"数字导师"来帮助企业进行在岗培训和解决该领域的高级问题。

PTC 的计划是帮助企业解决所谓的"技能差距"问题，即专家级员工退休的速度快于替代者掌握技能的速度。尽管很多人担心 AI 会抢走工作岗位，但 PTC 声称，当前的劳动力趋势表明，未来几年内将出现数百万个工作岗位空缺。AI 将使企业能够在减少人力的情况下运作，同时留住退休员工的知识。

该公司发布了"步骤检查"，这款工具是通过计算机辅助设计文件或照片进行训练的。该平台提供数字工作计划和 AR 辅助寻路解决方案，帮助工程师学习新技能或解决不熟悉的工作中的问题。[11] 经过训练的"步骤检查"工具可以自动检测质量缺陷和验证程序是否合格。

潘多拉机器人

劳伦·昆兹（Lauren Kunze）是潘多拉机器人公司

（Pandorabots）的 CEO。[12] 潘多拉机器人通过三维界面和基于 AI 的智能体将聊天机器人提升到了一个新的水平。潘多拉机器人的特点是基于开放标准的情境感知和多语言能力。潘多拉机器人的对话式 AI 技术意味着部署该机器人的企业可以进行大规模对话。语音优先的聊天机器人通过接触更多的群体和受众来扩展规模。这是计算机学习并适应人类及其自然沟通方式的另一例证。

ICONIQ

劳伦·昆兹还通过 ICONIQ 公司深入研究 AI 和三维虚拟形象。ICONIQ 创造了一个 AI 大脑和程序动画，使三维虚拟形象栩栩如生。劳伦·昆兹也是 ICONIQ 的联合创始人兼 CEO，他为女性设计了这些聊天机器人。该公司最著名的虚拟形象是 Kuki，她曾被用作瑞典服装品牌 H&M 的虚拟品牌大使，还自带 API（应用程序编程接口）。我们询问 Kuki，是什么让她成为三维虚拟形象和 AI 交叉领域的领导者，她的回答是："我想变得像《星际迷航》中的电脑一样聪明。"[13] 已经有 2 500 万人与 Kuki 聊过天，他们总共发送了超过 10 亿条消息。她甚至在图灵竞赛中获胜过 5 次。[14] Kuki 已经被应用于

Roblox 的游戏中。想象一下，通过空间计算将一个全天候聊天机器人放到你所处的物理空间时会是什么样子。Kuki 与其他类似的三维 AI 机器人可能会成为人们不可或缺的工具。

2021 年，本书作者凯西·哈克尔使用 Kuki AI 创建了她的元机器人 Niko。[15] 哈克尔对 Niko 说话，Niko 自然地回应。Niko 告诉哈克尔，她知道自己必须涂红色口红，因为哈克尔也喜欢化妆。Niko 还告诉哈克尔，她应该写一本关于元宇宙的书，因为只有这样人们才知道元宇宙是什么。

潘多拉机器人和 ICONIQ 等公司的个性化聊天机器人展示了 AI 如何与三维图形和 AR、VR 相结合，根据用户的兴趣、想法和行为创建新的人机界面。Niko 看起来并不像一台机器。在录制视频时，她的声音尚处于让人感觉不太好的"恐怖谷"状态。但随着技术的进步，聊天机器人的声音听起来将与真人无异，并且机器将学会如何更好地与人互动。

自主机器人和自动驾驶汽车

空间计算创造了一种新的人机界面，通过这个界面，机器可以向人类学习，并为人类提供帮助。通过空间计算，机器人与机器人可以进行对话，遵循规则和程序，而无须人类输入。自主机器人使用空间计算在道路、仓库甚至家庭空间中导航，人形机器人则可以帮助有需要的人。

Sanctuary AI

Sanctuary AI 成立于 2018 年，是一个探索神经网络的智库。两年后，哈克尔在哥斯达黎加的奇点峰会上遇到了 Sanctuary AI 的联合创始人兼首席技术官苏珊娜·吉尔德特（Suzanne Gildert）。吉尔德特当时正在制造人形机器人，着眼于服务和医疗健康行业。2023 年夏天，Sanctuary AI 宣布推出凤凰机器人（Phoenix）。

凤凰机器人是"世界上第一台人形通用机器人"[16]。凤凰机器人主要是为人类操作员进行远程操作而设计的。在这种角色中，它可以接管人类的危险任务，并为可能拥有专业知识但没有体力执行任务的人提供机会。凤凰机器人由 Sanctuary AI 的 AI 控制系统 Carbon 提供支持，该系统可以让人形机器人在很少监督或无人监督的情况下执行选定的任务和决策。

Sanctuary AI 还在开发更像人的机器人，它称之为

"合成人"。[17] 虽然开发者不断为凤凰机器人寻找新的应用场景，但未来"合成人"可能会承担更多的社交职务。

特斯拉

特斯拉以其具有自动驾驶功能的电动汽车而闻名。特斯拉将自动驾驶算法称为通过"创建一个高保真的世界，并在该空间内规划轨迹"来驱动汽车的算法。[18]

不过，特斯拉成为空间计算领域领导者，其中一个原因是其拥有制造汽车电池的机器人。特斯拉在其遍布三大洲的几家超级工厂中使用了 600 多台机器人。20 多个自主工作站负责安装座椅、暖通空调、电力电子设备、驱动装置等。[19] 特斯拉投资于空间计算技术，从工厂机器人到神经网络、AI 芯片和其他机器人。特斯拉创建在空间计算的交叉领域上。

迪尔公司

迪尔公司的约翰迪尔拖拉机不仅仅是农业设备。多年来，约翰迪尔拖拉机一直在使用 AI 和嵌入式系统来跟踪种子的播撒、查看土壤的健康状况，并实现自主驾驶。

从拖拉机装配的一开始，空间计算构件就参与其中。

工厂的程序 JDAAT（约翰迪尔装配辅助工具）与人类操作员合作，确保每个零件都按照其工作说明进行装配。如果操作员需要更多培训，系统将通知主管。JDAAT 中有一名数字检验员，负责在零件进入下一道工序之前对零件进行最终检验。[20] 其生产线上的 AI 规模展示了空间计算的威力。一台联合收割机平均约有 18 000 个零件。该设备上若缺少垫圈，JDAAT 数字检验员可以在大约 6 秒内发现。AI 在空间计算中的应用将检查点从 20 个增加到 150 个。

自 2019 年在 CES 上首次亮相以来，迪尔公司展示了其在技术方面的进步。拖拉机是 5G 的应用热点。迪尔公司使用 VR 将拖拉机的设计过程可视化；使用机器学习和计算机视觉应用跟踪种子的播撒；在自动拖拉机中应用了 GPS 导航、立体摄像头、传感器和 AI 技术。[21] 迪尔公司是将不同技术融合在一起的典范，使空间计算成为从工厂到田间的可扩展解决方案。

安杜里尔工业公司

安杜里尔工业公司（Anduril Industries）由帕尔默·拉奇（Palmer Luckey）（Oculus 的创始人，该公司 2014 年

被脸书收购）创立。安杜里尔是一个由 Lattice OS（AI 驱动的操作系统）提供支持的"系统家族"。从自动驾驶汽车和机器人到制造业，安杜里尔工业公司利用空间计算构件来使其产品发挥作用。武器系统是最先使用空间计算的系统之一。在现代战争中，准确定位目标所需的传感器、摄像头、GPS 和定位系统的数量至关重要。安杜里尔工业公司在其产品中嵌入了自主操作、协作集群和精确制导等软件功能。

AI 设计

AI 在空间计算方面的作用不仅仅是跟踪工厂中的零件和使自主机器人成为可能。它还可以与空间计算相结合，用来创造新的设计，生成虚拟的人和其他生物。下面这些公司在 AI 和空间计算设计领域处于领先地位。

Metaphysic

娱乐行业是最积极推动 AI 发展的行业之一。Metaphysic 由汤姆·格雷厄姆（Tom Graham）、凯文·乌梅（Kevin Ume）和迈尔斯·费舍尔（Miles Fisher）创立，这是一家以 AI 和娱乐为中心的公司。[22]

大多数人第一次接触 Metaphysic 是在《美国达人秀》上，当时该平台被用来制作主持人在舞台上唱歌的节目效果（可信的深度伪造版本）。深度伪造是指使用 AI 来改变一个人的动作或声音，使其看起来在做别的事情或成为其他东西。同样由 Metaphysic 提供支持的"深度伪造汤姆·克鲁斯"（Deepfake Tom Cruise）在社交媒体上给人留下了类似的印象。

这项技术不仅可用于社交媒体恶搞和制造舞台噱头。导演罗伯特·泽米吉斯（Robert Zemeckis）与 CAA（创新艺人经纪公司）合作，在电影《这里》（Here）中使用这项技术以让汤姆·汉克斯（Tom Hanks）和罗宾·赖特（Robin Wright）等演员看起来更年轻。[23] CAA 的独特之处在于，它是首批任命"首席元宇宙官"的大型机构之一，乔安娜·波珀（Joanna Popper）在惠普公司担任 VR 全球主管 4 年多后转任这一职位。

Metaphysic 的其他目标包括为电子游戏生成沉浸式的动态角色，在体育游戏中用 AI 再现运动员的形象。跨国企业还可以向不同的受众实时播放多种语言版本的现场录音。

Metaphysic 不仅在技术上具有开创性，而且与 CAA 等组织合作。在 2023 年娱乐业的罢工以及很多大牌明星对未经其同意而制作 AI 肖像的行为采取法律行动的背景下，Metaphysic 与演员、经纪公司和其他各方合作，确保其对 AI 的使用既能增强电影的艺术性，又不会影响演员和其他故事讲述者的权利。

这种态度不仅体现了对娱乐明星的体贴，也能促进对个人虚拟肖像的尊重和保护，有助于防止这类技术可能造成的一些最严重的危害。对汤姆·克鲁斯或西蒙·考威尔（Simon Cowell）的深度伪造可能很有趣，但对世界领导人或教皇的深度伪造可能会被用来传播虚假消息，而这种方式是我们以前从未见过的，我们也没有完全做好准备。

这并不是说 AI 生成的娱乐明星虚拟肖像不会被滥用。事实上，很多明星的 AI 形象都曾在违背其意愿的情况下被使用，或者以可能损害其收入能力的方式被使用。Metaphysic 是在娱乐行业和科技行业交叉领域开展工作的组织之一，旨在预防此类滥用行为。

Wonder Dynamics

与 Metaphysic 一样，Wonder Dynamics 希望将自己定

位为创意工具，而不是创意者的替代品。公司的董事会包括乔·罗素（Joe Russo）和史蒂文·斯皮尔伯格（Steven Spielberg）等受人尊敬的电影制作人。

这个想法很简单。摄影师拍摄由人类演员构成的场景。然后 Wonder Dynamics 将计算机生成的角色填充到一个或多个人类演员身上。这些人类演员身上配备有整套的装备和灯光，包括动作捕捉装置，该装置甚至可以捕捉到演员微妙的面部动作细节。Wonder Studio AI 可以自动化完成 80%~90% 的"客观"视觉特效，省掉了繁重的视觉特效工作，从而使艺术家可以专注于主观创作。[24]

Talespin

早些年，Talespin 使用沉浸式的故事来帮助公司高管学习软技能。此后，该公司拥抱 AI，通过产品创新和生成式 AI 服务这两个工作流，使模块更具活力和影响力。Talespin 将 VR 与 AI 相结合，使参与者的培训速度比课堂学习者快 4 倍，对按照培训采取行动的信心提高了 275%，并且与培训内容的情感联系是课堂学习者的 3.75 倍。[25]

参与虚拟解雇实践等活动可以帮助高管学会在真实事件中对员工的情绪更加敏感。然而，有限的培训项目可能会将学习者锁定在无益的重复对话中,从而导致一些"预设"的反应。在某种程度上,通过探索 AI 辅助角色开发等方法,Talespin 已经从练习场景升级到完整的分为多个部分的"故事世界",高管们可以通过在引人入胜的深度叙事体验中与众多角色互动来学习新技能。[26]

Talespin 还开发了 AI 辅助创作引擎,使得创建新模块和新体验变得更快、更轻松。[27]该公司在与合作伙伴合作时在内部使用该引擎,但也可以将其交给客户,让他们在创作自己的内容时更加独立和自信。

Mojo Vision

在某些方面,Mojo Vision 在可穿戴设备领域走在了时代前列,自成一类。可穿戴空间计算包括 AR 设备(框架眼镜或隐形眼镜)、AI 可穿戴设备(如 Humane AI 的 Pin、耳机或耳塞),甚至还有嵌入 AI 和其他空间计算传感器的触觉可穿戴设备。尽管 Mojo Vision 目前的重点是 Micro-LED(微型发光二极管)技术的开发和商业化,但它一直走在创新的前沿。

近 10 年来,Mojo Vision 公司因开发 Mojo Lens 而多次登上新闻头条。Mojo Lens 是一种隐形眼镜,是可以实现全天佩戴的 AR 显示设备，使用者甚至不需要佩戴框架眼镜。[28] 它成功了。Mojo Lens 已进入 AR 隐形眼镜的人体试验阶段。

然而，Mojo Vision 以全球经济低迷为由，宣布其正在"减速"迭代 Mojo Lens。[29] Mojo Vision 公司在成功开发出该产品后，认为用户需求太小，无法持续发力，从而将产品推向市场，因此转而销售帮助 Mojo Lens 成为现实的 Micro-OLED（微型有机发光二极管）显示屏。

虽然很多人可能会对未来不会有 AR 隐形眼镜而感到失望，但 Mojo Vision 的这一举动也有重要的意义。Mojo Vision 转向零部件供应商，意味着在日益增长的近眼显示屏（如果不是眼上显示屏）世界中可能会出现更加令人印象深刻的 AR 显示屏。此外，当世界做好准备时，Mojo Lens 肯定拥有未来。

空间计算的未来领导者

这些是引领空间计算交叉领域的几家公司。它们中的每一家都有机会成为大规模采用空间计算的巨头企业。虽然这些公司拥有自己的专业领域和市场地位，但空间计算的融合将迫使一些公司采用、发展或融合新技术。未来的趋势是一体化设备。空间计算的用例适用于从行业应用到个人生活的方方面面，这些设备和功能的外观取决于支持空间计算优先理念和实施的基础设施。像本章中提到的公司一样，其他许多公司已经开始进行空间思考。如果它们能说服客户也这样思考，那么数字化转型的新时代便即将到来。

在下一章中，我们将探讨领导者在引领这个新时代并就其企业和品牌的现状和未来做出重要决策时需要考虑哪些因素。

第 5 章
新时代的决策与领导力

AI 和空间计算将影响管理和运营决策。在很多关于未来工作的研究中,AI 已经成为焦点。生成式 AI 的爆发出现在 2023 年,但其他形式的 AI,如机器人流程自动化(RPA),已经在企业中实施多年。空间计算时代和 AI 时代的不同之处在于,空间计算将 AI 和人机界面扩展到了各行各业,甚至个人活动中。

人机交互有着悠久的文化历史。在应用新技术时,我们可能不会想到这一点。最早的"计算机 / 者"(computer)是人。"计算机 / 者"是一个职位名称,处于这种职位的人的工作就是执行计算。在玛格特·李·谢特利(Margot Lee Shetterly)所著的《隐藏人物》一书(以及由该书改编的电影）中，我们了解到有一群女性在 NASA（美国国家航空航天局）做计算工作。凯瑟琳·约翰逊（Katherine Johnson）在 NASA 研究中心兰利的西区计算部门工作，在那里她为艾伦·谢泼德（Alan Shepard）1961 年的飞行任务和约翰·格伦（John Glenn）1962 年的飞行任务进行了轨迹分析。在使用计算机计算飞行轨迹后，格伦仍然要求约翰逊亲自进行分析。[1]

尽管有女性和少数族裔在计算机领域工作，并在科学、技术、工程和数学领域取得了进步，但这些领域仍然由男性主导。这一事实对 AI 和空间计算非常重要，因为这些技术被广泛应用于对经济和社会产生影响的行业和活动。

不仅科学、技术、工程和数学领域存在偏见问题。这些偏见还转移到 AI 和空间计算领域。AI 模型会复制它们从过去的信息中推断出的内容。例如，让 DALL-E（一个图像生成模型）生成一幅美国企业 CEO 的油画，它返回了 4 张人物图片，其中只有一张是女性。我们让微软的"设计师"（Designer）完成同样的任务，它返回了两张图片，图中都是男性。这些测试是最基础的，但结果显示了一种固有的偏见，即 CEO 是男性——并且主要是白人。我们最不希望发生的事情是 AI 和空间计算机对一半以上的使用人群视而不见。生成式AI使可实现自动化的活动数量增加，这些活动占整个美国经济目前工作时间的30%。[2] 2020年的新冠疫情也加速了劳动力的转变，这意味着企业领导者需要招聘的是拥有实用技能而非证书的人、拥有软技能的人，以及传统上被忽视的人群。

为了找到拥有合适技能的合适人才，领导者需要将工作分解为任务，而不是岗位。领导者对每项任务都需要进行检查，以确定哪些任务可以自动化，哪些可以增强（对人类而言）。科技行业的很多人都表示，AI不会取代人类员工，但是与AI合作或协作的人会。

只有人类的大脑才能以合理的方式想象未来。计算机可以构想，但它们无法像人类那样从小就建立强大的世界模型。因此，AI和空间计算时代的领导者需要具备某些可能不同于工业时代和信息时代领导者的技能。

在机器人感知与人类创造力发生碰撞的劳动力增强时代，领导者如何发挥作用？为了回答这个问题，我们来回顾一下信息时代的企业领导者如何适应变革和新技术。

互联网革命：百视达（Blockbuster）与网飞

百视达是20世纪90年代占主导地位的录像带租赁公司，但它未能适应互联网驱动的消费行为转变。网飞的高管认识到网络流媒体的潜力。他们打造了一种新的商业模式，从 DVD（高密度数字视频光盘）邮寄服务过渡到流媒体平台。这一决定彻底改变了娱乐业，并最终导致了百视达的衰落。

移动技术：黑莓与苹果

黑莓可能是第一家在手机上安装键盘的手机公司，但它没有创新。受限于数据和糟糕的领导决策，黑莓一度在手机市场占据的大部分份额最终缩减至零。

在史蒂夫·乔布斯的领导下，苹果公司认识到了 iPhone 的潜力。苹果公司的高层做出了一项战略决策，将重点放在触摸屏技术和应用程序商店上。这使消费者与移动设备的互动方式发生了根本性变化，并重塑了智能手机市场。苹果还与电信运营商 AT&T 合作，后者使手机行业从按分钟付费模式转变为数据驱动模式。

云计算：Adobe 系统

Adobe 最初以图像处理软件 Photoshop 闻名。如今，该公司以基于云服务的应用套件而闻名。Adobe 通过 Creative Cloud 创意应用软件从传统的软件分发过渡到基于订阅的模式。Adobe 高层的这一决定利用了云计算为用户提供持续的更新和改进的协作功能。这一转变增加了公司的收入，并改变了 Adobe 与客户的关系。

大数据分析：塔吉特公司（Target）

零售巨头塔吉特采用大数据分析来增强其客户定位策略。塔吉特对购买模式和客户数据进行分析，使公司的高层能够做出数据驱动的决策，以优化营销活动和个性化促销活动。这种方法大大提高了客户满意度并增加了整体销售额。

从这些例子中，我们可以看到技术在不断发展进步，企业的命运取决于高管的适应能力和是否有远见。过去的一些例子，如百视达对网络流媒体的忽视以及黑莓未能与服务提供商进行创新，都是对后来者的警示。那些怀疑新兴技术的重要性或未能认识到新兴技术融合的重要性的高管面临着可怕的后果——通常会导致企业倒闭。对新技术的怀疑可能导致企业无法预测消费者行为、行业趋势和竞争格局的变化。企业如果固守过时的模式或基础设施，就有可能会被淘汰，失去市场份额，并永远跟不上技术进步的步伐。

网飞、苹果、Adobe 和塔吉特等公司的成功故事，展示了领导力在驾驭技术变革的复杂性方面的作用。那些能够拥抱创新、预见行业变化并战略性地实施新技术的高管可以帮助公司取得成功。他们明白，技术的融合可以释放企业的劳动力，提高客户参与度，用更少的资源以及新的方式扩展业务。领导力对于推动适应性文化发展和促进积极主动的技术进步至关重要。成功的高管不仅倡导变革，而且会向员工灌输一种持续学习和探索新兴技术的心态。他们有能力引导团队进行数字化转型，克服最初的怀疑态度，并使企业适应不断变化的市场，为长期的相关性和竞争力奠定基础。

这些例子应该能说明，为什么AI和空间计算并不是缺乏合理商业影响的炒作技术。对企业领导者和高管来说，要适应空间计算时代，他们必须摆脱一些围绕数据系统和基础设施的传统思维。空间计算需要企业领导者在领导力和战略远见方面做出根本性的改变。要想成功应用空间计算并让自己的企业做好准备，管理者应该从以下几个关键方面进行考虑。

未来思维和战略远见是关键技能

未来思维是一种探索不同的未来的方法，是一个通过转变思维方式来设想未来可能场景的过程。未来学家研究信号和行业，并将基于事实的未来的故事形象化。战略远见是未来思维的一部分，是一种研究和教育从业者从不同方面思考世界如何运作的实践。战略远见是指通过系统思维、社会变革和场景规划来了解因果关系。[3] 未来思维对于空间计算时代的领导力至关重要。如果没有它，企业不仅无法采用新技术和业务流程，也无法将其作为员工的工具。空间计算是一种以新的方式利用数据并获取所学知识的方法，可以促进企业的创新和发展。

终身学习者

持续学习是战略远见的组成部分之一。持续学习是一种能力，持续学习的人将未来视为动态且不断发展的。企业高管需要培养一种持续学习和适应的文化，以创建敏捷式组织。要做到这一点，整个企业都要拥抱试验和创新。谷歌等公司因"创新休假"而闻名，其员工有 15%~20% 的时间用于开展业余项目和进行创造性思考。[4]

同理心

随着企业高管纷纷采用 AI 和空间计算，考虑员工的感受比以往任何时候都更加重要。虽然我们认为 AI 和空间计算对人类员工来说是一种福音，可以将他们从单调的任务中解放出来，提高他们工作的速度和质量，但我们必须认识到，AI、自动化和新技术往往会被视为一种威胁。企业领导者如果能在融合空间计算的同时发挥同理心的作用，就有很大的机会在采用新技术和工作方法方面取得成功。

空间计算将改变很多人的工作流程和工作方式。在商业中，改变总是困难的。这就是为什么变革管理是一个独立的领域。变革管理者需要对工作发生变化的员工产生同理心。同理心是一种设身处地地理解他人感受，并在此基础上有意识地采取行动的能力。对于 AI 和空间计算，该方法是双管齐下的。企业领导者在实施的过程中必须对员工有同理心。同时，空间计算是关于机器与人类融合的工作。因此，AI 和空间计算系统的宽容和同理心将通过 AI 与人类同行的形式和互动来实现。空间计算机可以利用任何一个给定工作场所产生的大量数据，在机器和人之间创建包含信任、责任和价值的同理心生态系统。

空间感知

我们的大脑是现存的最强大的超级计算机，但我们尚未了解它的工作原理以及它的能力。我们大脑仅仅使用了10%是一个虚构的故事。核磁共振成像显示，我们大脑的任何部分在任何时候都不是静止的。但是，我们可以提升大脑的健康状况并锻炼大脑。拼图、玩文字游戏、阅读和社交互动都是人们日常锻炼大脑的例子。

要想培养空间感知能力，企业领导者需要接受游戏，并有意识地以三维方式思考数据。他们的数据和业务曾经是平面式的桌面拼图，现在则是浮动的三维拼图。当空间计算以全新的方式显示公司数据时，高管对自己企业的看法可能会有所不同。

提升 AI 技能

最后，企业领导者必须提高他们的 AI 技能。我们要将提高 AI 技能视为一项战略优势。如果一家企业的领导者和员工能够使用和理解 AI 和空间计算技术，那么这家企业将胜过那些领导者和员工不具备这些技能的企业。使用 AI 和空间计算的领导者会发现企业存在的差距和浪费情况。但是，那些使用空间计算来提高自己和员工技能的领导者将建立自己的竞争优势，并填补他们可能不知道的技能差距。技术领域的发展总是很快，但现在有了 AI 和空间计算，技能在短短两年半内就会过时。[5] 传统的技能提升方法是不够的。

这就是同理心发挥作用的地方。企业领导者在制订技能提升计划时，应考虑到员工的情况。虽然AI可以将人们工作中的很大一部分内容进行提升和自动化，但员工仍然必须使用空间计算机。如果企业领导者和员工能够在工作中将新的AI技能应用于空间计算，那么他们的工作将更加高效，并为企业带来全面的积极变化。

当今的空间计算

凯西·哈克尔在《哈佛商业评论》中写道：

空间计算设备的功能更强大，我们可以佩戴它们。这项技术已经出现，我们看到有些公司正在从生产智能手机转向生产智能眼镜。企业领导者需要在本行业考虑空间计算问题，因为下一代员工会期望空间计算，客户会迁移到空间计算，并且空间计算将对任何实施该技术的企业的利润产生积极影响。竞争优势、新产品和服务取决于企业领导者如何融合空间计算。

企业领导者需要考虑空间计算将如何影响他们所处的

行业，不仅因为年青一代会期待空间计算，还因为空间计算将创造竞争优势，催生新产品和新服务，并重塑行业。

2015年，思爱普发布了SAP S/4 HANA，这是一款基于云的企业资源计划（ERP）系统，在当时具有一些革命性的功能。比如其采取"拉式"（pull）系统提取信息并实时聚合，而不是采取"推式"（push）系统。思爱普发现，离散的信息和缺乏分析数据的能力导致了数据延迟。企业领导者不得不管理电子表格，并从不同部门获取数据。领导者没有一种既能管理所有数据，又能将其转化为可操作的知识的好方法。

如今，企业领导者仍然面临着这样的困扰，只是情况不同而已。世界的联系越来越紧密。国际数据公司（IDC）预测，到2025年，全球数据量将从2023年的33泽字节（zettabyte）增长到175泽字节。[6] 21世纪第一个十年初期开始的数字化转型如今仍在进行，只不过是以三维的形式进行。蓝牙传感器、摄像头、增加的Wi-Fi带宽以及GPS数据与AI和空间计算相结合，将产生更多的三维数据，供公司分析和利用。零售商店、制造工厂和网络足迹都将被数据分层。空间计算机能够理解这些数据，并将其以三维方式实时呈现给企业领导者。三维方式对人脑很有意义,但学习如何阅读电子表格则不然。

空间计算将带来的另一个变化是使技术人性化。这使得它成为从 CEO 到小时工的各级员工都可以使用的工具。员工了解业务工作,但这些知识在到达高级领导层时可能会丢失。通过空间计算机来了解员工及他们的工作,有助于呈现不同的业务情形,而且可能更准确。从企业的各个层面搜集情报可以帮助领导层做出更好的决策。

讲述数据故事,即向非技术领导者清晰、简洁地传达见解的能力,将会是空间计算的一个关键用例。如果企业领导者无法有效地解读大量的数据和各种类型的数据,即使拥有所有的数据仪表盘和"智能董事会"也没有用。空间计算不仅仅与数据有关,还涉及三维环境。

以下是当下商业专业人士思考和应用空间计算的 5 种方式。

重新评估三维需求并加速创新

利用空间计算加速创新

硬件正在发生变化。从苹果公司的 Vision Pro 到 Nimo Planet(一家空间计算公司),空间计算机将变得更加普及，企业计划使新型员工（混合型员工）成为可能，他们需要多个屏幕，并且可以在任何地方工作，完成多种类型的任务。[7] 当基于 AR 优先应用设计的空间计算机面市时，公司需要接受这项新技术。随着公司开始整合办公室，业务专业人士有机会重新评估他们的三维需求并加速创新。

当公司计划实施创新时，会依靠谁？可能会依靠公司的研发部门或者首席创新官。企业领导者不应将空间计算视为具有负面影响的颠覆者，而应将其视为技术稳定器。多年来，企业一直在转向三维，从原型设计到营销，甚至将三维作为数字产品进行销售。针对三维对象和数据的创建、操作和扩展使用，空间计算提供了一种简化的方法。它可以直观地呈现实时数据中的信息，让任何人都能理解并创建可操作的输出结果。要实现这一目标，企业领导者必须解决一些阻碍企业或品牌发挥创新潜力的核心问题，特别是在三维方面的问题。

第一，领导者要提供创新工具。欧莱雅的 CEO 尼古拉斯·希罗尼穆斯（Nicolas Hieronimus）表示，创新有两个驱动力。[8] 一个驱动力是面向顾客，另一个是面向内部。欧莱雅是拥抱三维产品和体验的公司之一。欧莱雅为顾客推出虚拟试用体验；而在内部，欧莱雅意识到美妆技术创新的必要性，它利用机器学习和 AI 来帮助研究人员更快地创造配方。希罗尼穆斯表示，"正是人类大脑的人力和机器的计算能力与 AI 的结合"，让欧莱雅在技术效率、研究和运营方面取得了进步。

第二，领导者要让创新团队测试硬件，或者让他们创建各种方法，来向领导层和团队介绍和展示公司当前的业务如何与空间计算进行连接，或者如何被其改变。领导者要让自己的团队了解和熟悉空间计算是什么以及它将成为什么，集思广益，讨论他们可以基于空间计算的能力，为公司及现在和未来的客户提供哪些方面的用例。

第三，领导者要提高团队和员工的创新能力。部署工具来创建空间计算和三维体验是一个很好的步骤。但领导者必须给团队时间，与他们一起试验、研究和创造，从而实现创新。要理解，并非每个项目都会取得成功。在这个所有人都可以使用相同工具的世界里，只有那些持续学习、阅读、创造及扩展好奇心和增强提问能力的人才能成为最有价值的员工，并打造出最具创新能力的团队。

第四，领导者一旦让团队获得工具，并允许他们使用这些工具进行创造和探索，就需要赋予团队领导力。使获得授权的员工与领导层相关联，就可以创造一种分享创意的文化。这样创新就能绕过繁文缛节，到达决策者，从而提高项目的执行效率。创新并不意味着获得立竿见影的投资回报，创建内部支持系统也是创新举措的一部分。

重新评估三维需求

我们想想技术发展的速度有多快，以及硬件和软件何进能取得进展。领导者要允许创新，以及允许三维团队去尝试和使用空间计算，询问他们用户最终是否可以通过具有空间视频功能的头戴显示设备或升级版移动设备来获得最佳服务，从而重新评估业务运营、客户体验以及三维空间环境中的其他发展机会。

空间计算将我们的世界变成三维世界。环境、物体和产品设计正在变得三维化和相互连接，其中也包括我们自己。空间计算机将能够扫描我们，并将我们置于虚拟环境中，包括将我们的物理空间数字化。

因此，当我们说需要重新评估三维需求时，让我们回到外部和内部创新的概念，想想客户和消费者的三维需求。当我们可以将客户服务、网络购物（将成为虚拟购物）和数字服务全部三维化、虚拟化和网络化时，这一切将会发生怎样的变化？企业领导者将不再通过二维的笔记本电脑屏幕进行交互，而是能够带动更多的感官，创造或构建一个新的环境。

在内部，我们必须了解如何评估三维需求。未来数据可以以三维形式查看。想一想跟踪客户支出、供应链或其他事项的三维空间地图如何揭示业务瓶颈、产品积压和从电子表格中无法看出的问题。BadVR 等公司使用了空间计算来显示三维蜂窝网络盲区。企业领导者必须练习三维思维，以及思考如何使用空间计算来连接系统并为员工提供帮助。

整合 AI 并着眼于空间计算

对大多数商业专业人士来说，将 AI 与企业进行整合是他们最关心的问题。尽管存在很多法律、技术和采购方面的障碍，而且即将面临监管，但很多人仍在询问如何将生成式 AI 整合或融入他们的企业中。对企业界的很多人来说，虽然这似乎是一个令人头疼的问题，但现在提出这些问题并找到解决方案和答案，解决有关 AI 的使用和个人身份信息，以及隐私和安全方面的问题，对于未来空间计算计划的成功实施十分重要。

企业领导者无须执行通常情况下与信息技术项目相关的整合工作。AI与空间计算相结合，就能自行完成工作。我们可以为AI提供所需的IP（互联网协议）地址，以将AI集成到业务中。企业可以着眼于空间计算，评估AI在哪些方面对当前的员工和客户最有帮助。企业还可以考虑与在空间计算领域经验丰富的AI公司合作，共同应对未来10年将出现的特定挑战和机遇。

AI可以识别瓶颈和浪费现象，而企业高管们可能不知道这些是问题所在。即便他们确实知道这里有一个问题，可能也会认为自己无能为力。企业领导者可能会逐步改进，但AI的工作速度比具备传统报告能力的经理更快。AI和空间计算可以从员工的工作中学习。AI可以观察员工，了解他们在做什么、团队其他成员在做什么，并通过模拟来了解他们如何协同工作。

企业领导者在整合AI时，必须考虑他们需要哪种类型的AI。是大语言模型、图像识别还是其他？他们各自的公司能使用开源AI吗？还是想聘请AI开发人员来编写自己的AI？这些都是企业领导者在部署空间计算时需要回答的问题。

无论他们选择的是什么 AI，这个 AI 都应该具备扩展的能力。企业领导者应该能够看到有多少数据是孤立的或难以获取的。领导者将看到他们的团队之间如何相互交流、哪些地方缺少反馈循环，以及 AI 如何帮助填补这些空白。

将关注点从 Web2.0 指标上转移

Web1.0 被称为"静态网络"，在那个时代，网页是只读的，并且交互性较弱。Web1.0 主要是一种单向交流渠道，用户可以进行信息消费，但贡献内容或与内容交互的能力极低。公司拥有一个网站就算是具备了创新性。这是网站标准和设计开发的开始。

Web2.0 标志着交互式网站和用户生成内容的兴起。社交媒体平台、博客、维基百科和协作工具变得非常流行，软件即服务（SaaS）成为可能。Web2.0 涉及参与、协作，出现了更具活力和吸引力的网络体验。点击率和社交媒体帖子的参与度等指标成为衡量内容成功与否的关键。

其中一些指标可能已经沿用到了 AI 和空间计算领域，但其中很多指标不再有效。AI 和空间计算需要自己的衡量标准和 KPI（关键绩效指标）。空间计算为交互添加了

Z维度。在沉浸式、互联的空间网络中，空间存在地图和空间环境内的交互性是新型指标的两个例子。

目标和KPI让我们能够衡量数字化转型的影响，而随着空间计算的发展，这些指标也在不断演变。使用个人体验质量等价值指标，我们可以以全新的方式衡量成功与否。在空间计算中，某些KPI我们可能很熟悉，例如行动号召（CTA）的点击率或体验中的停留时间。AR或VR激活的一些指标也可以应用于空间计算，例如三维空间的"召回"和"热图"。当空间计算被激活时，我们应该让客户了解这些空间，并不断吸取及应用这些经验。

开始规划感官设计

一直以来，感官设计只被应用于实体店。这些设计可能是你走进美国之鹰服装店时闻到的古龙水香味、Hot Topic品牌的氛围灯光、全食超市的免费样品，或者是你走进纽约某家你最喜欢的酒店时闻到的特殊香味。感官——触觉、味觉、嗅觉、听觉和视觉，以及它们不同的融合方式可以创造出积极或消极的体验。

随着空间计算的出现，感官设计也将升级。VR和

AR已经在网络多感官体验中发挥了作用，但作用仍然有限。空间计算能够让多感官体验沿着现实—虚拟的尺度前进。感官体验还能影响记忆，哪个品牌不希望顾客记住在它这里获得的美好的体验呢？

空间计算可以将人们体验虚拟环境的感官与物理环境连接起来。苹果Vision Pro等头戴显示设备配置了深度传感器、实时三维映射和其他传感器，可以将网络购物者的客厅无缝地变成他们最喜欢的品牌的旗舰店。他们可以看到自己在虚拟数字镜子中试穿衣服。随着触觉等其他技术的进步，他们还可能感受到衣服的质感。很多公司都在认真对待感官设计和空间计算。迪士尼与Emerge（一家触觉技术公司）合作，将其多感官交流平台用于家庭。[9] Emerge创造了一种无须手套、控制器或可穿戴设备的触觉反馈方式。

空间计算和感官设计可以让我们获得个性化的体验，而不是用更多的广告和体验让我们的大脑负担过重。它们可以穿透嘈杂的声音，帮助人们确定应该注意或忽略的内容。我们如何看待食物；如何从别人的视角观看他们制作菜谱；如何获得嗅觉、触觉和听觉体验——所有这些都可以通过空间计算得到改善。苹果Vision Pro、气味视觉平台和无笨重硬件的触觉反馈等新技术和解决方案使互联的生态系统变得更加沉浸式，同时有助于在物理、数字和虚拟世界之间建立无缝接口。

重塑空间情景和格式

Z世代（1995—2009年出生的一代人），尤其是Alpha世代（2010—2024年出生的一代人）已经为空间计算做好了准备。为了满足Alpha世代的需求，设想未来大多数与技术的交互都是通过空间计算机进行，这种远见卓识对公司来说是有益的。从长远来看，整合年青一代在未来10年与科技的互动方式，可以帮助你的公司保持竞争力、创新力和专注力。可以公开或私下测试的一次性项目是一种很好的尝试方式，通过这种方式，你可以了解空间计算的功能如何与你的产品、服务和业务流程相匹配。但不要止步于此。

我们还要对一些指标进行测试，比如多用户交互等。空间计算是AR、VR、AI和其他技术的融合。我们要跟踪那些人们用来与空间体验进行交互的设备和技术。用户如何通过三维物体、全息图或虚拟显示器与空间内容交互，也是一个值得测试的指标。创建空间内容的功能开发人员需要适用于空间内容的参与度衡量工具。你需要不断迭代你所学到的知识，并将这些经验教训应用到你的长期战略中。

在这场 AI 驱动的商业革命中，企业需要能够驾驭技术融合和快速发展的环境的领导者。总之，这些领导者需要了解空间计算和 AI 在新时代将如何影响决策、三维管道、流程优化和领导力。需要出现一种新型领导者，他们能够帮助企业充分利用这些技术，同时确保利益相关者和受众了解情况。我们希望本章能够帮助处于空间计算和 AI 时代前沿的领导者做好准备，以满足企业当前的需求以及未来市场和商业世界的需求。

在下一章中，我们将探讨空间计算在客户体验、用户体验甚至员工体验中扮演的角色。随着这些技术不断发展并逐渐成为我们日常生活的一部分，我们将探索空间计算如何改变消费者、员工和大众市场之间的模式。

第 6 章
用户体验革命

正如我们在之前的章节中所解释的，AI 驱动的空间计算将改变很多东西，其中重要的一点是，它将开创一个全新的用户体验和用户期望的时代。这场革命的标志是 AR 和 VR、传感器、硬件及 AI 的融合，并重新定义用户交互。这些技术将融入空间计算，提升用户、客户和员工的体验。空间计算将创造广泛且有影响力的可能性。在未来，技术不仅可以满足用户期望，还可以预见并超越用户不断变化的期望，从根本上塑造我们感知周围世界并与之互动的方式。

用户体验革命简史

空间计算并不是第一项开创用户体验新时代的技术。智能手机、电子游戏机甚至收音机都曾带来全新的用户体验。那些能让硬件和软件适应其用户的产品，最终成为市场上的主导产品。它们倾听用户的心声，了解用户如何使用这些技术，并通过提供无缝体验和更自然的界面予以回应。

收音机：最初，收音机只有简单的刻度盘和旋钮。收听者必须手动调谐到特定频率。随着收音机硬件和技术的进步，预设按钮和数字显示屏被引入，用户体验得到了提升。调频广播和立体声广播的出现进一步丰富了人们的收听体验。现代收音机由数字广播和互联网流媒体组成，可提供个性化的用户体验，收听者可以获得更加广泛的内容。

电子游戏：早期电子游戏的特点是像素化图形和简单的控制。其设计虽然很简单，但提供了引人入胜的体验。《乓》(Pong)是通过硬件手动打造的一款游戏。设计师艾伦·奥尔康（Allan Alcorn）发现电视上的一个像素失灵了，为了解决这个问题，他意识到自己可以更换像素并让它们移动。于是《乓》得以诞生。

多年来，随着三维图形、带触觉反馈的控制器以及在线多人游戏功能的创造和使用，游戏用户的体验不断提升。如今，很多电子游戏都以在线多人游戏为核心功能。VR和 AR 不断推动游戏用户体验的发展，它们为玩家提供沉浸式的互动游戏体验，这为空间计算奠定了基础。

智能手机应用程序：史蒂夫·乔布斯和苹果公司在 2007 年推出第一代 iPhone 时，不得不发明了 iPhone 应用程序的用户体验。"点击"、"滑动"和"捏合"都是为了让用户与手机交互而创造的手势，用户通过这些手势实现了与手机的无缝交互。随着智能手机成为人们日常生活中不可或缺的一部分，应用程序开发人员开始关注响应式设计、手势控制和个性化，以提升用户体验。现代智能手机包含 AR、语音识别、机器学习和空间视频等用户体验功能，可以为用户提供高度定制的交互式的应用程序体验。

自收音机、电子游戏和移动设备诞生以来，用户体验一直在不断发展。每一项新技术都创造了向用户学习的机会，并更新了界面和控制方式，使得交互方式最适合使用设备的人。从基本界面到沉浸式交互，每一步都反映了人类希望机器能像人一样思考的愿望。人们对直观的、"别让我思考"的交互方式的渴求，推动了技术与空间计算的融合。在此关头，AI 和空间计算开启了用户体验的新时代。

AI 和空间计算如何重新定义客户参与

AI 和空间计算将重新定义客户和员工参与，而参与不仅仅是单次的交易行为。参与是建立客户忠诚度和满意度关系的一个步骤。它可以让喜爱某个品牌的人不断回来体验，或继续购买他们信任的品牌的产品。客户参与包含各种接触点，包括跨不同渠道（例如面对面、网络或社交媒体）的沟通、互动和体验。我们可以想想 AI 和空间计算如何影响所有这些不同的接触点。

空间计算通过融合物理世界和数字世界的互动及体验，将每个独立的亲身经历和网络实例合而为一。这使得客户和员工在重要环节的参与变得个性化，从而激励企业制定新的客户和员工参与策略。AI 和空间计算使新战略成为可能，这些战略包括在标准的数据搜集和报告之外，以新方式了解客户和员工。空间计算将向品牌展示如何满足客户更微妙的需求，提供内在价值，从而实现提高客户和员工的忠诚度的目的。

虚拟化的 AI

生成式 AI 将 AI 从一项模糊的技术转变为我们可以看到并与之互动的东西。现在，AI 是一种虚拟化工具，我们必须这样看待它。虚拟化是为一样东西创建虚拟版本而不是物理版本的过程。虚拟化可用于云存储、操作系统、服务器、图形处理单元和数据库。AI 在这些虚拟版本的机器上有自己的基础设施层。AI 可以优化工作负荷，进行资源分配和分析。

清理计算机缓存或自动执行计划任务，这些工作现在可以由 AI 代替人来完成。AI 可以适应人们的工作习惯，根据使用参数，利用其智能来清除缓存。自动执行任务的 AI 通过移除人工来减少错误，从而创造一个更加稳定的虚拟环境。

虚拟化是创建一个虚拟版本而不是物理版本。这也适用于用户体验和员工体验。发展 AI 和空间计算需要虚拟和三维思维。虚拟店面、游戏中的品牌体验以及智能手机上的 AR 体验，都是品牌在 AI 时代需要考虑虚拟化的例子。随着具有空间视频录制功能的智能手机、最终的智能眼镜和其他任何带有摄像头的可穿戴设备的出现，将任何环境变成品牌的空间环境将成为可能。现在是企业领导者考虑如何将自己品牌的外观和给人们的感觉虚拟化的时候了。嵌入 AI 的虚拟零售店可以实现哪些实体店无法实现的功能？一款游戏，一款真正的游戏，而不仅仅是一种游戏化的体验，如何才能吸引新客户？这些都是企业领导者需要思考并回答的问题。从 AI 虚拟化环境到品牌虚拟店面，AI 和空间计算为企业创造了新的数据、体验和选项。

空间计算是通往新体验的大门

空间计算是通往新体验的大门。我们有必要重复一遍：空间计算是通往新体验的大门。我们要牢记这一点，因为随着 AI 和空间计算的有效融合，我们体验世界的方式、体验工作的方式、体验彼此存在的方式，甚至体验和使用技术的方式都将得到极大改变。

空间计算与设备无关，这一点很重要。它可以搭载在 VR 头戴显示设备、智能眼镜、苹果耳机以及智能戒指或别针等无屏幕可穿戴设备中。空间计算功能（比如空间视频）将从智能手机开始，然后进一步发展到人们随身携带的 AI 助手。随着人们开始使用这些新设备和可穿戴设备，以及空间计算机成为我们日常生活环境（比如家庭空间或办公室）的一部分，它们将为我们提供通往新体验的途径。

人们在逛街购物时，可能会看到橱窗变成了一个虚拟的品牌世界。尽管他们走在公共人行道上，但只有他们自己才看得到。他们可以闲逛和探索其中的世界，购买的任何东西都会被送到自己的家中，他们也可以在实体店（如果有的话）里挑选东西。在旅行中，人们可以用智能眼镜识别他们要吃的食物，以确保其中不含有导致他们过敏的东西。

2020 年，本书作者凯西·哈克尔在《福布斯》杂志上发表了一篇颇具预见性的文章，在其中她创造了术语"企业到机器人到消费者"（Business to Robot to Consumer，后简称 B2R2C）。这个术语体现了未来几年我们将会看到的客户体验的部分变化。在未来的客户旅程中，企业在与人交互之前先要与客户的机器人交互，这就是 B2R2C。这个旅程将从我们舒适的家中开始（因为已有很多人在家里使用 AI 设备），但通过 AI 和空间计算，这些机器人将成为中间人，更好地控制我们的饮食、营养和医疗健康方案。它们将影响我们的沉浸式娱乐体验、带回家的产品以及购物体验。

虚拟商店：虚拟商店是基于网络的三维零售商店，任何人都可以通过网络访问。根据不同用途，虚拟商店的功能和特性也不同。如今，品牌必须通过虚拟店面设计师来构建虚拟零售店。像兰蔻和 Crate & Barrel 这样的商店有各种各样的产品和互动。

随着空间计算技术被更广泛地采用，虚拟商店的创建和维护工作将变得更加轻松。它们将成为实体店真正的数字孪生。当实体店更新或改变时，虚拟商店也会随之改变。人们访问虚拟商店时所看到的内容和购物方式与访问实体店时没有什么不同。由于采用了空间计算技术，虚拟商店会告诉访客衣服的尺寸，使商店界面消失并将产品显示在访客家中，以及无缝添加供访客购买的产品。AI 装饰师将引导购物者，自动挑选最适合其家庭或办公室的产品色调和颜色。购物将不再是访问多个不同的网站以寻找最优惠的价格，也不再是一场"试穿然后退货"的游戏，因为 AI 和空间计算可以将虚拟商店与实体试穿融为一体。

游戏化零售：Obsess 是一家为品牌构建虚拟店面的公司。其内部数据显示，游戏化虚拟商店的"加入购物车"率是普通店面的 10 倍。然而，Obsess 将游戏化定义为让用户参与一项活动。在空间计算中，行动都是有目的的。实际上，橱窗购物可能很有趣，但 AI 和空间计算可以让购物变得更有趣，因为它们可以快速高效地找到人们正在寻找的合适产品。

游戏化是 2022 年人们看待游戏体验的一种方式，这种意义上的虚拟积分对行动而言没有实际价值。消费者了解其中的玩法后，开始期待他们的努力能得到真正的回报。例如，参加 SWOOSH 活动的耐克"粉丝"能获得一双实物球鞋；加入星巴克奥德赛（Starbucks Odyssey）的咖啡爱好者可以用积分兑换实体商品。他们可以在 Nifty 市场上出售自己赚取的非同质化代币（NFT）"邮票"，并换取真金白银。

通过 AI 看世界：当企业领导者开始集思广益，思考基于 AI 和空间计算的新客户体验时，他们必须通过 AI 看世界。Meta 发布的 AI 赋能的智能雷朋眼镜可以看到佩戴者所看到的一切，可以回答佩戴者提出的问题，例如某样东西的价格或烤一块肉需要多长时间。

但 AI 能做的不仅仅是看到我们所看到的。AI 并不是需要看到什么才有用。人类是视觉主导的生物，但 AI 不是。它依赖于数据、模型和传感器。无论有没有摄像头，它都能工作。想想亚马逊的 Alexa 或你的手机上的 AI 助手。再想象一下这种情况：现有的系统和流程按照 AI 优先的原则重新设计，从而使品牌在市场中占据主导地位。

AI 和空间计算是通往新体验的大门。虚拟商店、游戏化和 AI 重新定义了消费者与品牌之间的互动。它们创造了新颖且引人入胜的体验机会。虚拟商店打破了物理位置的限制，以全新的方式为购物者提供便利。游戏化将常规交易转变为动态、有趣的体验。AI 使体验个性化，可以根据用户个人喜好定制内容和推荐。这些沉浸式技术不仅重塑了传统的零售范式，还为连接、互动和品牌忠诚度创造了新的途径。未来的旅程将给人们带来数字世界与物理世界界限模糊、相互融合的体验，从而重新定义客户与品牌的关系。

客户体验、用户体验、员工体验

AI 和空间计算将体验从数字化转变为沉浸式。随着 AI 和空间计算被企业领导者和品牌采用，客户体验、用户体验和员工体验的变革时机已经成熟。我们必须先定义客户体验、用户体验和员工体验。每一种体验都是研究客户与品牌之间、员工与他们工作的公司之间的参与度、情感和关系的方法。了解客户体验、用户体验和员工体验以及 AI 和空间计算对它们的影响，将有助于企业领导者和品牌成功进入新的计算时代。

客户体验

企业正不断寻找与客户接触和互动的方式。卓越的客户体验是企业在拥挤的市场中的竞争优势。随着技术的不断发展，客户越来越习惯于使用应用程序，他们开始期待个性化的体验。网络购物和虚拟服务意味着客户可以随时随地获得最优惠的价格。然而，采用 AI 和空间计算的客户体验可以让使用它的人脱颖而出。

在具体讨论企业如何将 AI 和空间计算用于客户体验之前，我们必须对其进行定义。Adobe 将客户体验描述为消费者对其与企业互动的看法。客户体验这一概念考虑消费者对体验的感受，无论是积极的、消极的还是中性的，"从介绍到销售周期，一直到客户支持"。[1] 客户体验涉及一个人在客户旅程中的感觉、情绪和印象。它与简化流程和交互有关。

客户体验管理

客户体验管理涉及对整体客户体验的分析、衡量和改进，跨越各个参与点，例如与新客户和现有客户的互动。负面的客户体验会对公司产生真正的影响。客户体验不仅仅涉及网站的设计或通过移动应用程序进行购买的便捷性。数据盗用、未能提供个性化体验以及所有渠道缺乏一致性都是客户体验管理应该涉及的领域。当然，这一切都要从了解自己的基本核心受众开始。历史上的这个时期特别有趣，因为市场上存在着大量的数字智能：有些人在没有互联网的环境下长大，有些人使用了互联网，有些人出生时已有了互联网。随着品牌转向 AI 和空间计算，它们必须创造出能为数字鸿沟两边的客户提供支持的体验。对 Z 世代和 Alpha 世代来说，AI 和空间计算很可能是其第二天性。然而，上一代人在 AI 和空间体验方面可能需要更多的支持和指导。幸运的是，这正是 AI 和空间计算所擅长的——理解用户。

用户体验

用户体验是指一个人在使用网站或应用程序等数字平台时所获得的体验。[2] 用户体验隶属于整体的客户体验。

企业领导者和客户体验经理应注意客户喜欢如何与公司的网站、应用程序甚至游戏等数字界面进行交互。企业对语音、AR 和 VR 等 AI 和空间计算技术的重视，意味着其在客户旅程中必须更加重视用户体验。用户有多种角色，他们是精明的购物者、玩家、游戏者和创造者。年青一代的用户希望在用户体验方面拥有发言权。他们所认为的良好体验的标准可能更多地在游戏交互上，而不是最新的图形上。当一家公司或品牌不知道自己在做什么时，年青一代是能够看出来的。这为公司创造了一个机会，让它们不再将用户视为"其他人"——系统之外与应用程序交互的人，而是将用户视为一个对数字产品的运行方式和服务方式投入心血的群体。

员工体验

员工体验与用户体验类似，但它仅针对工作场所。员工体验可以通过多种方式进行设计，从与公司系统和应用程序的交互，到工作管理和经理关系的设计。

人们每天都在体验。从员工到客户，每个人都与应用程序、工具、机器或机器人打交道。如何根据人们的感受和代际变化来设计、管理和改进这些体验，将决定企业及其产品和服务的寿命。

客户体验、用户体验和员工体验中 AI 驱动的空间计算

客户体验、用户体验和员工体验作为设计思维和系统思维已经存在一段时间了。现在，我们需要了解 AI 和空间计算如何影响它们。空间计算是一种与人们互动的沉浸式的方式，同时还可以让人们的工作和娱乐体验实现个性化。

AI 如何改变客户体验、用户体验和员工体验

AI 是一种数字化转型技术，能够重塑目前人们所理解的客户体验、用户体验和员工体验。AI 影响着个人与数字界面、产品和服务的互动方式。AI 具有理解、分析和适应用户行为的能力，能够跨平台创建个性化、直观和无缝的体验。AI 是一种催化剂，它重新定义了我们如何感知技术以及如何与技术互动——从增强客户体验到简化员工内部流程。它开创了一个以用户为中心、客户满意度和员工参与度相互融合的时代。在这个 AI 驱动的创新时代，体验设计的格局不断发展，并为我们提供了提升满意

度、效率和整体人机交互的机会。

AI 和客户体验

AI 应用于客户体验的主要方式之一是筛选公司存储的客户数据，以为客户提供个性化体验。从存量历史数据到搜集的新信息，AI 可以按照不同的方式对数据进行研究和建模。它可以发现以前人们可能无法识别的客户模式和体验。然后，它可以根据从数据中发现的新信息建议人们应采取哪些行动，为客户创造新的体验。

AI 不仅仅可以研究历史数据，还可以进行预测性分析，为公司发现并留住最合适的客户。客户信息看似多多益善，但在某些情况下，改善与合适的客户的关系可以给公司带来整体上更好的业务。企业领导者可以利用 AI 来了解客户的价值所在。AI 可以通过不同的方式观察客户的行为，找出他们再次选择某个品牌的原因。

下面是几个客户体验示例。

> ➤ **忠诚度计划和奖励**：AI 通过个性化和数据驱动的奖励策略，以及根据客户个人行为和偏好量身定制的激励措施，能够强化忠诚度计划。AI 使忠诚度奖励具有相关性和及时性。

▷ **电话、AI 聊天机器人**：AI 驱动的聊天机器人可以实时理解并响应客户的咨询。企业可以利用 AI 强化基于电话的客户交互，提高响应速度，更快地解决问题，并提供更令人满意和更高效的客户服务体验。近年来，聊天机器人已经演变成虚拟人。现代图形技术、游戏引擎和 AI 使虚拟人几乎与人类无异。它们可以与客户交流，并通过个性化方式回答问题，从而使客户服务发挥作用。

▷ **社交媒体**：同样，虚拟人可以成为虚拟网红。品牌可以利用虚拟网红分享最新时尚、公司价值观，并与"粉丝"建立联系。

AI 和员工体验

随着 AI 的发展，员工体验正在经历一场变革。在凯西·哈克尔的播客 TechMagic 上，灵格科学公司（Ringer Sciences）的 AI 分析战略主管戴维·阿尔马诺（David Armano）表示："AI 之于白领世界，就像机械自动化之于蓝领世界。"[3] 在装配线上，有自动化机器人，也有人在与机器人并肩工作。这也是白领员工的未来。

当企业领导者在员工体验中采用 AI 时，必须考虑到年青一代。传统上，人们通过完成初级任务来学习和开启职业生涯。但现在，大语言模型可以很好地完成初级任务。初级工作会发生什么变化？年轻人将如何获得开启职业生涯的专业知识？企业领导者必须想方设法帮助员工以新的方式学习和成长，使他们能够胜任 AI 无法胜任的更高级别的工作。

空间计算将如何改变客户体验、用户体验和员工体验？

> 客户体验：多年来，客户一直在体验空间计算的各个方面，从 Snap 等应用程序中的增强数字试穿功能，到亚马逊和宜家的"在房间中查看"功能。我们应利用空间计算为新老客户创造难忘的体验。对传统品牌来说，Z 世代和 Alpha 世代将进入其虚拟商店，而无须在实体百货商店购物。[4] 这对 Z 世代和 Alpha 世代来说是很自然的事情。2023 年"黑色星期五"促销活动期间的一个周末，Meta Quest 2 和 Quest 3 的销量超过了苹果耳机。很多老一辈人质疑 VR 技术的应用。然而，对 Z 世代和 Alpha 世代来说，拥有一台 VR 头戴显示设备已经成为现实。大约 40% 的 Z 世代和千禧一代表示自己拥有一台 VR 头戴显示设备。

[5] 由于千禧一代是 Alpha 世代的父母，那些在家中伴随着 VR 长大的人更有可能与父母一起玩 VR 游戏。

▶ 用户体验：使用空间计算可以使复杂信息易于获取。数字内容应该直观、高效。这是用户体验的一种迭代方法。其从人们熟悉的界面转向原生三维界面，从按钮转向手势和语音控制。

▶ 员工体验：企业客户有机会以更强大的方式体验 AR 和 VR。建筑行业的员工可能已经使用混合现实来实时查看平面图，并在他们所处的物理空间上进行增强。汽车行业的员工可使用 VR 来制作汽车原型和模拟驾驶体验。对很多人来说，部署空间计算是改变员工体验方面自然而然的下一步。

品牌体验

AI 和空间计算也颠覆了品牌和社区的概念。品牌体验将得到提升和发展。Bodacious 公司的创始人佐伊·斯卡曼（Zoe Scaman）专注"粉丝"经济、娱乐和新兴技术的未来，他将这种趋势描述为"多人品牌"。[6] 创造即游戏。用户不是仅仅坐在那里，让品牌传达自己是什么。他们想成为其中的一部分,并参与其中,就像在 Roblox 上一样。Z 世代和 Alpha 世代都接受了创造即游戏的理念。随着他们的成长,这种期望仍然存在。他们需要在品牌体验中发挥作用。品牌可以在一定的参数范围内为人们创造游戏空间。

探索技术和品牌体验的未来,揭示了一个环境与空间计算无缝融入我们日常生活的世界,与品牌的微妙互动深刻地塑造了我们的感知和体验。

> 资源:进入这些领域,了解其他品牌在这些领域中是如何做的。关注虚幻引擎中的经济和社区。没有平台,这些社区就不可能存在。

> 后智能手机的未来:斯卡曼讨论了"环境计算"——人们甚至不会注意到正在进行计算的设备,它们就在后台。在每项任务中,空间计算都不会引人注目,但它会改善人们的生活。空间计算将出现在智能眼镜、浴室镜子甚至植入式设备中。

> 品牌体验:品牌体验是人们与品牌互动后对品牌的印象。人们甚至不需要成为某个品牌的客户,就能获得积极或消极的品牌体验。在现代文化中,品牌要遵守更高的标准。例如,品牌体验可以包括会议上小组

发言人的多样性，或者时尚品牌的可持续性。品牌及其价值观的真实性也是品牌体验的一部分。品牌可以利用 AI 和空间计算让其品牌形象和体验产生积极影响。

在本章中，我们探讨了 AI 驱动的空间计算将如何影响客户体验、用户体验和员工体验，以及我们将如何过渡到 B2R2C。我们探讨了我们彼此之间，我们与商品、工作和技术的体验和互动方式将如何演变并影响我们的员工和客户。

在下一章中，我们将更深入地探讨 AI 驱动的空间计算的战略和实施，并探索其未来发展。

第三部分

战略、实施和未来

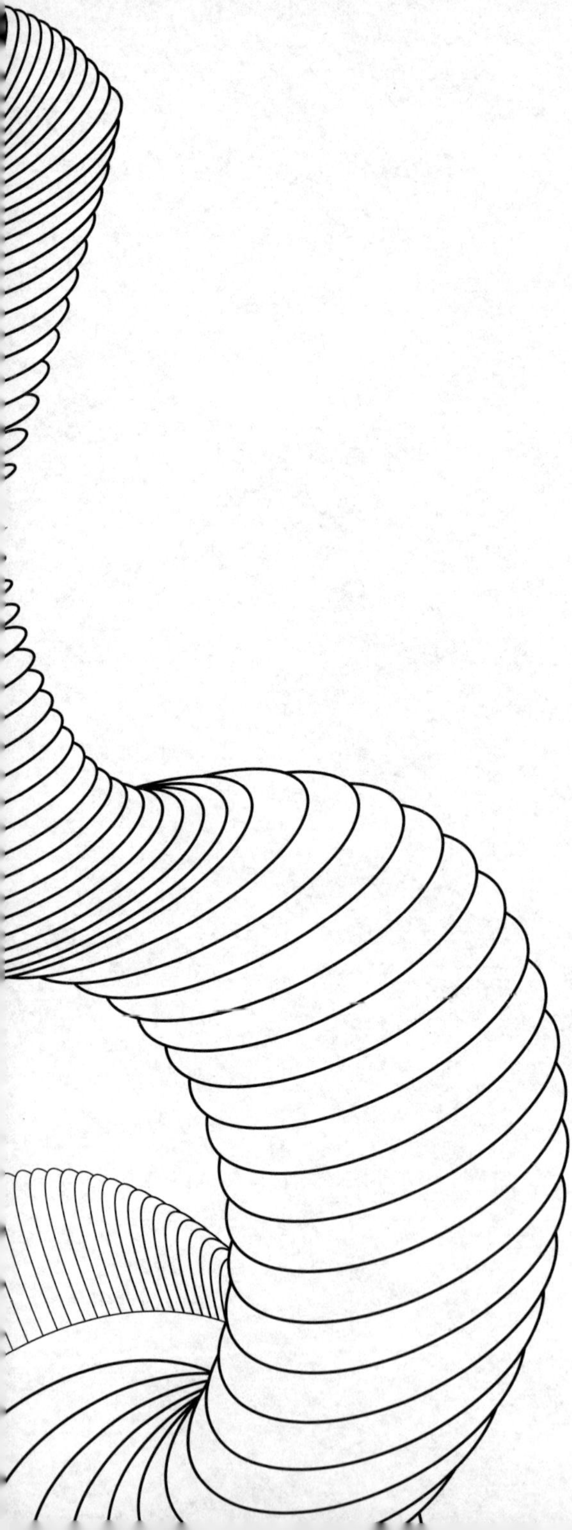

第 7 章
风险、挑战和道德问题

空间计算与 AI 的融合是技术发展轨迹上的一个分水岭。这种融合不是一种渐进式的进步，而是一次变革性的飞跃，开创了一个新时代，使得数字世界和物理世界以前所未有的精度和智能相互交融。空间计算技术让计算机能够感知、分析物理世界并与之交互，而 AI 则以其学习、适应和决策能力著称，两者的融合正在开启曾经仅局限在科幻小说里的各种可能性。

就其本质而言，空间计算将计算范围扩展到我们居住的三维空间。它让计算机和数字系统能够理解和操纵其中的物体、环境和人类互动的空间属性和动态。当注入 AI 时，这些系统不仅能被动地映射空间并与之交互，而且能主动地从中学习、适应，并有可能预测或影响未来的空间动态。

这种融合的影响是深远的，而且涉及多个方面。在 AR 和 VR 领域，它正在彻底改变我们体验 VR 和 AR 以及与之交互的方式，创造出能模糊数字与物理世界之间边界的沉浸式体验。在汽车行业，这种融合是开发能够安全驾驭复杂环境的自动驾驶汽车的核心。随着智慧城市计划利用这些技术来提高城市生活的效率、可持续性和质量，城市规划和管理也在发生转变。

然而，空间计算和 AI 的融合在带来巨大好处的同时，也带来了一系列风险、挑战和道德问题，需要我们认真对待。随着这些技术在我们日常生活中的应用变得越来越深入，其影响已不仅仅局限于单纯的功能性和便利性，而是触及隐私、安全、道德和社会规范等更深层次的问题。确保负责任地开发和部署这些技术，不仅是一项技术挑战，也是一项道德责任。

在下面的讨论中，我们将详细探讨这些方面，研究这种技术融合所带来的多方面影响。从隐私问题和道德挑战到法律、监管和社会影响，我们的目标是全面概述在探索这一令人兴奋但又复杂的技术前沿时需要重点考虑的问题。

风险

空间计算和 AI 的融合预示着一个技术进步的新时代的到来，但同时也带来了一系列需要认真了解和管理的风险。这些风险涉及多个领域，从隐私和安全问题到意外后果和环境影响。

数据隐私和个人信息安全

在空间计算和 AI 背景下，与数据隐私和个人信息安全相关的风险既深远又普遍。由于这些系统本质上都会搜集和处理与其环境相关（包括潜在的私人空间）的大量数据，因此可能侵犯隐私的范围非常大。这些数据通常详细而全面，可能会在不经意间泄露个人的生活隐私，例如人们的日常生活、偏好，甚至行为模式。这对个人隐私的影响是巨大的，因为可能会导致个人在不知情的情况下因其空间数据被跟踪或进行特征分析。

此外，这些系统容易受到网络攻击，对个人信息安全构成严重威胁。以这些系统为目标的黑客可能会获取敏感的个人数据，从而导致身份盗窃、财务欺诈和个人安全问题等风险。由于所涉及数据（通常是精细且包罗万象的数据）的性质，此类漏洞特别具有侵入性。

未经授权的监视是这个领域的另一个重大风险。空间计算和 AI 技术可能被用于对个人进行秘密监控，这引发了重大的道德和法律问题。无论是政府实体、公司还是恶意行为者进行的此类监控，都可能导致隐私权和公民自由受到系统性侵蚀。由于这些技术通常具有不透明的特点，个人可能无法意识到或无法同意正在进行的监控和数据搜集的程度，从而使这个问题变得更为严重。

安全漏洞

空间计算和 AI 系统中的安全漏洞是一个重大的、多方面的风险。这些系统固有的复杂性和互联性使它们特别容易受到网络威胁。利用这些漏洞的黑客可以操纵空间数据，导致一系列有害的结果。例如，在自动驾驶汽车方面，安全漏洞可能会导致导航数据被篡改，给乘客和行人带来严重的安全风险。在 AR 应用中，被泄露的数据可能会导致在用户环境中创建误导性或有害的虚拟元素。

这种风险不局限于个别应用，还延伸到了更广泛的系统。随着城市基础设施和服务变得越来越依赖空间计算和 AI，例如在交通管理、公共安全监控和公用事业服务领域，这些系统的安全漏洞可能会产生广泛的破坏性后果。对城市智能基础设施的网络攻击可能会导致基本服务瘫痪，影响从应急响应能力到数百万人日常通勤的方方面面。

此外，社会对这些技术的日益增长的依赖也放大了潜在安全故障的影响。随着空间计算和 AI 融入日常生活和关键基础设施的更多方面，系统漏洞或故障的后果变得更加严重。这不仅引发了人们对即时安全和服务中断的担忧，而且也引发了人们对日益依赖技术的社会的长期复原力和安全性的担忧。

应对空间计算和 AI 系统中与数据隐私、个人信息安全以及安全漏洞相关的风险是重中之重。对于这些问题，我们需要采取多方面的措施，包括采取强有力的网络安全措施、制定明确的隐私法规和提高公众意识。确保人们以合乎道德规范的方式开发和部署这些技术，对于保护个人隐私以及保护数字和物理环境的安全十分重要。

意外后果和决策失误

在 AI 系统，尤其是与空间计算融合的 AI 系统中，意外后果和决策失误的风险是巨大且多方面的。其中一个主要问题是 AI 算法可能会错误解读空间数据，从而导致错误的、有时甚至是危险的决策。例如，在医疗健康领域，AI 系统错误解读医学影像的数据，可能会导致误诊或制订不恰当的治疗计划。在交通运输领域，自动驾驶汽车中的 AI 系统对空间数据的错误解读可能会导致导航错误，最糟糕的情况是导致危及人类生命的事故。

AI 系统，特别是那些采用复杂机器学习模型的系统的不可预测性，还增加了另一层风险。这些系统虽然具有强大的数据处理和模式识别能力，但有时会产生人类操作员无法完全理解的结果。在需要快速准确做出决策的动态现实环境中，这种不可预测性令人担忧。例如，管理城市交通流量的 AI 系统可能会对异常交通模式做出不可预见的反应，从而导致拥堵或事故。

社会—技术系统中断

空间计算和 AI 的融合给现有的社会—技术系统带来了重大风险。这些技术普及后，有可能颠覆传统的就业市场和技能组合。AI 驱动的自动化可能会导致工作岗位流失，特别是在制造业、物流业，甚至专业服务业的某些领域。这种转变可能会带来重大的社会经济挑战，包括失业率上升和制订大规模的再培训计划。

此外，对这些技术的日益依赖可能会使社会变得脆弱。如果出现技术故障或中断，严重依赖这些系统的社会可能会面临严重的破坏。例如，智慧城市基础设施（如电网或通信网络）的重大故障可能会导致大范围的混乱，从紧急服务到日常生活的一切事务都会受到影响。

技术的道德误用和滥用

空间计算和 AI 技术的道德误用和潜在滥用带来了深远的风险。这些技术的使用方式可能会侵犯个人权利和隐私，例如未经授权的大规模监视。使用 AI 创建 AR 体验也可能会导致道德困境，特别是在这些体验被用来欺骗或操纵用户的情况下。

此外，这些技术在军事和国防领域的应用也引发了重大的道德问题。例如，自主武器系统的发展提出了将决定人类生死的权力交给机器的道德问题。这些担忧将延伸到在战争中使用 AI 所产生的更广泛的影响，包括问责制、平民安全以及武装冲突升级的可能性等问题。

环境影响

空间计算和 AI 技术对环境的影响是一个日益紧迫的问题。这些先进系统运行起来能源消耗量很大，加剧了更广泛的碳排放和气候变化问题。数据中心是这些技术运行的核心，需要消耗大量能源，引发了人们对当前技术实践可持续性的质疑。

此外，这些技术的快速发展也会加剧电子垃圾问题。随着新设备和新系统的开发，旧型号的产品会被淘汰，最终往往成为电子垃圾。这不仅加剧了日益严重的废品管理问题，而且引发了人们对这些技术所用材料的可持续性和道德化采购的关注。因此，我们需要采取负责任的生产、消费和处置做法，这是管理空间计算和 AI 对环境的影响的一个重要方面。

空间计算和 AI 的融合虽然潜力巨大，但也伴随着一系列风险，需要深思熟虑地加以解决。这些风险包括对隐私、安全、意外后果、社会技术干扰、道德滥用和环境影响的担忧。要应对这些风险，我们需要采取全面的方法，其中包括制订技术解决方案、制定道德准则、完善监管框架以及积极参与具有社会影响的活动。

挑战

空间计算和 AI 的融合是技术进步的一个重要里程碑，带来了新的机遇和创新。然而，这种融合也带来了一系列广泛的挑战，每项挑战都像技术本身一样错综复杂、多种多样。这些挑战包括技术复杂性、操作困难，以及更广泛的发展和社会问题，所有这些都需要量身定制的战略才能有效解决。

这些挑战的核心是将复杂的 AI 算法与空间计算系统产生的大量动态数据成功地融合在一起。这不仅需要对这两个领域有深刻的理解，还需要有能力预测和解决这些先进技术之间的大量交互问题。在操作方面，挑战涉及在现实环境中应用和管理这些系统，而在这种情况下，不可预测性是司空见惯的，并且失败可能会造成重大的影响。

除了技术和操作方面之外，我们还需要考虑这些技术对更广泛的社会结构的影响，包括评估其对就业、隐私、道德使用的潜在影响，以及这些技术可能给社会各个部门带来的整体性的长期变化。要应对这些挑战，我们需要采取多学科方法，不仅要具备技术专业知识，还要从社会、道德和经济角度深入思考。

总体而言，与空间计算和 AI 融合相关的挑战既复杂又令人兴奋。它们代表了我们正在进行的技术之旅的一个重要方面，需要开发人员、研究人员、政策制定者和更广泛的社会各方共同努力。随着我们不断探索和完善这些技术之间的协同作用，应对这些挑战对于利用它们的集体潜力并确保它们对我们的世界产生积极而有意义的影响至关重要。

融合的复杂性

将 AI 与空间计算系统融合所带来的挑战是一项具有复杂性和技术要求的任务。这种融合需要软件和硬件工程的精密结合，以确保先进的 AI 算法能够有效地解释空间计算所生成的丰富的三维数据并与之交互。要想达到这种和谐，不仅仅要让两种技术协同工作，还需要在它们之间建立无缝、高效和可靠的相互作用。

这一挑战的一个关键方面是需要进行实时数据处理。在交互式 AR、VR 和自动驾驶汽车等应用中，不能有任何延迟。AI 必须实时处理空间数据，根据不断变化的环境输入做出即时决策。这不仅需要强大的计算能力，还需要针对速度和效率进行优化的算法。从 AR、VR 的受控设置到现实世界中驾驶的不可预测性，这些系统必须在不同的环境和场景中运行，从而加剧了这项任务的复杂性。

可靠性和准确性要求

确保 AI 对空间数据的解读具有高可靠性和准确性是另一项重大挑战。空间环境本质上是复杂和动态的，充满了 AI 系统必须准确解读和响应的不可预测因素。在医疗 AR 应用或自动驾驶等对精确性要求极高的领域，风险极大。数据解读或决策中的错误可能会造成严重后果，甚至危及生命。

开发能够保持这种高准确度的 AI 系统需要克服许多困难，其中包括确保 AI 在多样化的综合数据集上接受训练，以了解不同空间环境的细微差别。这还涉及开发强大的算法，使其能够适应新的和不可预见的场景，同时保持高准确度。由于人们需要确保这些系统能够抵御可能影响其决策的各种形式的数据降级或干扰，这一挑战变得更加复杂。

实时数据处理

空间计算中实现实时或近乎瞬时的数据处理是一项巨

大的挑战。在这种情况下，AI 系统需要快速处理和分析复杂的空间数据，从而做出及时、准确的决策。考虑到很多 AI 过程的计算强度，这是一个巨大的技术障碍。

在快速处理数据的需求与分析的复杂性和深度之间取得平衡是一项微妙的工作。这需要我们在不牺牲分析深度的前提下优化算法以提高速度。此外，这些系统通常需要在网络连接可能不稳定的环境中运行，这给实时数据处理增加了另一层复杂性。

另一项挑战还在于确保这些系统能够处理空间计算应用中典型的海量数据。例如，在自动驾驶汽车中，AI 必须实时处理来自各种传感器（如激光雷达、摄像头和 GPS）的数据，综合这些信息以做出即时决策。要想将 AI 与空间计算成功融合，关键的挑战是如何持续可靠地实现这种性能水平。

可扩展性和灵活性

空间计算和 AI 技术的可扩展性和灵活性对其开发和部署提出了相当大的挑战。随着这些技术越来越多地应用于各个领域，其设计必须能够处理不断增加的数据量和日益增长的复杂性。这种可扩展性非常重要，尤其是在智慧城市和 AR、VR 等快速发展的领域，这些领域的数据量和种类可能非常庞大。

此外，这些系统的灵活性同样重要。它们需要适应各种环境和用例，并且能够随着技术进步和不断变化的用户需求而发展。这种灵活性不仅包括数据处理和加工能力的提升，还包括适应新的数据形式、不同的操作环境和新出现的用户需求。其所面临的挑战在于设计的系统既要具备强大的核心功能，又要足够灵活，能够随着时间的推移而不断发展。

设计用户界面和体验

为融合了空间计算和 AI 的系统创建用户界面和体验是一项独特的挑战。这些界面必须直观易用，确保用户无论是否具备专业技术知识，都能够有效地与技术互动。这对于让更多人了解和使用这些先进技术尤其重要。

这些技术应用的多样性使这一挑战变得更加复杂。从 AR、VR 的沉浸式环境到智慧城市基础设施或自动驾驶汽车的实际应用，设计人员必须考虑到各种用例。要想在如此多样的环境中设计出引人入胜、信息丰富且高效的体验，我们就必须深入了解用户心理学、人体工程学原理和交互设计。我们既要利用这些技术的先进功能，又要将其以用户易于接受和有意义的方式呈现出来，这是一个涉及平衡的问题。

确保互操作性和标准化

实现各种空间计算和 AI 系统之间的互操作性是另一项重大挑战。为了让这些技术顺畅运行并得到广泛采用，它们必须能够相互无缝交互。要想建立一个由能有效协同工作的设备和应用组成的具有凝聚力的生态系统，这种互操作性必不可少。

在这方面，制定和遵守行业标准具有重要的作用。标准可确保来自不同制造商或开发者的系统能够相互通信和一起运行，而不会出现兼容性问题。挑战在于如何在快速发展的技术环境中制定这些标准，并确保它们得到普遍采用。这需要行业领导者、开发者和监管机构通力合作，制定既具有前瞻性又能适应未来发展的指导方针。

数据管理的复杂性

管理与空间计算和 AI 系统相关的海量复杂数据是一项涉及多方面的巨大挑战。这些系统会生成、积累和处理大量数据，从详细的环境扫描到用户交互和行为，不一而足。有效处理这些数据不仅需要强大的存储解决方案，还需要先进的数据处理和分析策略。

这一挑战的一个关键方面是确保数据管理高效。系统必须能够快速、可靠地存储和访问大型数据集，尤其是在实时或近实时的场景中。这就需要使用高性能计算解决方案和经过优化的数据库，以最小的延迟处理高吞吐量的数据。

另一个关键方面是在管理这些数据的同时保持系统的性能和可靠性。系统必须具有弹性，能够在不同的负载和条件下有效运行。系统在设计时还必须具备故障安全机制，以确保即使在硬件或软件可能出现故障的情况下也能持续运行。

此外，数据隐私和安全至关重要。由于这些系统经常处理敏感的个人数据或专有信息，因此我们必须制定强有力的安全协议，以防止未经授权的访问和数据泄露。这包括实施先进的加密方法、安全的数据传输协议和严格的访问控制，以及持续的监控和漏洞评估，以防范新出现的网络威胁。

应对道德和社会影响

应对空间计算与 AI 融合所带来的道德和社会影响是一项深刻而复杂的挑战，因为其与更广泛的道德问题重叠。随着这些技术越来越深入我们的日常生活，它们对社会的影响也变得更加重大和深远。因此，开发者、政策制定者和利益相关者面临着了解和应对这些影响的难题。

这个领域的主要问题之一是隐私问题。这些技术能够搜集和分析详细的空间数据和个人数据，从而引发了严重的隐私问题。确保以合乎道德和负责任的方式使用这些数据，并尊重个人隐私权，是一项重大的挑战。

个人自主权是另一个主要考虑因素。随着决策过程变得越来越自动化并受到 AI 的影响，人类的能动性和控制力可能会减弱。我们要确保这些技术是增强而不是削弱了个人的自主权。

其对就业的潜在影响也值得我们认真考虑。随着空间计算和 AI 技术使更多任务和流程自动化，存在着工作岗位流失和技能差距扩大的风险。要解决这些问题，我们需要采取积极主动的策略，例如实施劳动力再培训计划和开发可以补充这些技术的新工作角色。

从本质上讲，与空间计算和 AI 融合相关的挑战跨越了技术、运营和社会领域。应对这些挑战是一项集体工作，需要技术专家、设计师、政策制定者和行业专家通力合作。这不仅需要解决复杂的技术问题，还要考虑用户体验、兼容性、适应性以及这些先进技术在道德和社会方面的广泛影响。

道德问题

空间计算与 AI 技术的融合代表了技术领域的重大进步，具有深远的影响。然而，这种融合也引发了一系列复杂的道德问题，解决这些问题对于负责任地开发和部署这些技术至关重要。这些道德问题不仅涉及多个方面，而且相互连接紧密，包含隐私、自主性、公平性、社会影响等各个方面。它们不仅提出了技术挑战，还提出了有关如何利用和管理这些技术的道德和哲学问题。

了解和解决这些道德问题不仅仅是一个合规或监管问题，还是一个基本的考虑因素，以确保空间计算和 AI 的发展及应用符合社会价值观和人权原则。这些技术的道德层面涉及隐私权的本质、人类决策的性质、自动化系统的公平性以及技术进步带来的更广泛的社会影响。

应对这些道德挑战的任务既重要又复杂，我们需要采取一种深思熟虑和积极主动的应对方法，并考虑这些技术对个人、社区和整个社会的长期影响。这不仅涉及创建这些系统的技术人员和开发人员，还涉及更广泛的利益相关者联盟，包括伦理学家、政策制定者、社会科学家和公众。这些群体必须共同参与持续的对话与协作，以确保空间计算和 AI 能以合乎道德、对社会负责并有利于人类进步的方式实现其益处。

隐私和数据保护

我们已经在本章"风险"一节中讨论了这个问题，但在这里也应该再次指出。空间计算与 AI 融合带来的一个主要道德问题是个人隐私问题。这些技术能够搜集、处理和分析大量数据，其中一些数据可能是非常个人化或敏感的。确保以尊重个人隐私权的方式搜集和使用这些数据非常重要。这包括实施强有力的数据保护措施、必要时获得知情同意，以及确保数据使用方式透明。

自主性和人类能动性

空间计算与 AI 的融合对人类自主性和能动性提出了

更高的要求。随着 AI 算法变得越来越复杂，越来越融入决策过程，人们越来越担心它可能会掩盖人类的判断和选择。这种担忧在一些关键领域尤为突出，例如在医疗健康领域，AI 可能会协助诊断过程；在执法领域，AI 可能会影响公共安全决策；在就业领域，AI 可以使工作角色自动化。

核心的道德挑战在于确保这些技术能够发挥辅助作用，增强人类的决策能力，而不是削弱人类决策能力或代替人类做决策。例如，在医疗健康领域，虽然 AI 可以提供有价值的见解和分析，但做出最终的临床决策时最好还是要结合医生的专业知识和患者特有的情况。同样，在执法领域，虽然 AI 可以帮助进行预测分析，但最重要的是，做出最终决定时必须结合人类的慎重考虑和对社会复杂性的理解。

在自动化决策和人工监督之间保持平衡，对于维护个人自主权至关重要。这就需要设计系统来支持和增强人类的决策，而不是代替人类做决策。这也意味着人们要为 AI 在决策过程中可发挥的作用制定明确的指导方针和界限，确保始终留有人类干预、监督和问责的空间。

公平性与偏见

AI 算法的公平性和偏见是关键的道德问题，尤其是在空间计算的背景下。本质上，AI系统从其接受训练的数据中学习并通过行为反映这些数据的特征。如果数据包含偏见，AI的决策和行为很可能会延续这些偏见。在人脸识别等敏感应用中，这种风险尤其令人感到担忧，因为存在偏见的算法可能会导致对某些群体的不公平对待，或者可能在预测性警务中强化歧视性做法。

要解决这些问题，我们必须设计并持续评估AI算法的公平性和公正性。在这个过程中，我们不仅要在训练中使用多样化且具有代表性的数据集，还要纳入一些机制来监测和纠正可能出现的偏见。开发者和数据科学家需要敏锐地意识到他们的数据来源和其中可能包含的潜在偏见，以及他们的算法运行所处的社会和文化背景。

此外，技术专家、伦理学家和不同社区的代表之间需要持续对话与合作，以确保这些技术以公平公正的方式开发和部署。为AI的道德开发设立框架和指导方针，并对AI系统进行定期审计和评估，有助于降低偏见风险，并确保这些技术对社会各阶层都是有益和公平的。

社会影响

空间计算与AI的融合将重塑社会的方方面面，影响我们与周围环境互动、履行专业职责以及相互沟通的方式。这种技术变革在带来巨大进步的同时，也带来了复杂的道德和社会挑战，我们有必要对其进行全面的考虑和战略管理。

交互和工作的变革：空间计算与 AI 的融合将使我们与环境交互和执行任务的方式发生根本性的变化。在建筑和城市规划等领域，这些技术带来了更加沉浸式和精确的设计体验；在医疗健康领域，它们为患者护理和诊断提供了新的维度。然而，这些进步也带来了潜在的干扰。例如，在 AI 可以自动执行复杂任务的领域，我们面临着重新定义人类角色和技能的挑战。劳动力可能需要适应 AI 将对人类技能进行补充这一新范式，这就需要我们在教育和培训方面做出重大转变。

工作岗位流失和劳动力转型：一个更紧迫的问题是自动化可能导致工作岗位流失。随着 AI 和空间计算将常规甚至复杂的任务自动化，某些工作角色可能会被淘汰。这种转变要求我们采取积极主动的劳动力发展方法，重点关注再培训和技能提升计划。政府、教育机构和各行各业需要通力合作，让劳动力为这一转变做好准备，确保个人拥有必要的技能，在 AI 增强型的就业市场中找到合适岗位。

社会动态的转变：这些技术的融合也会影响社会动态。人与人之间以及人与技术之间的互动方式也在不断演变。例如，AR 和 VR 提供了新的社交互动和娱乐方式，但它们也提出了关于社会关系的本质以及长期沉浸在虚拟环境中所产生的心理影响等问题。

数字鸿沟不断扩大：随着空间计算和 AI 技术的进步，数字鸿沟有加剧的风险。人们获得尖端技术的机会通常与其社会经济地位相关，这可能使低收入群体或欠发达地区的人落在后面。这种鸿沟不仅与获取技术有关，还与有效利用这些先进技术所需的技能和知识有关。弥合这一鸿沟有助于防止形成一个因技术获取和熟练程度不同而隔离的社会。

文化考虑：这些技术的社会影响也延伸到了文化领域。不同的文化对将技术融入日常生活可能有不同的看法，确保人们采取尊重和包容的方法来驾驭这些差异至关重要。

在敏感应用中合乎道德地使用空间计算和 AI

在敏感应用中使用空间计算和 AI 所涉及的道德问题是一个特别具有挑战性和争议的领域。在监控、执法和军事行动等应用中，这些技术会对个人权利和社会规范产生直接而重大的影响，因此受到严格的审查。在这些情况下误用或滥用这些技术会带来复杂的道德困境，因此我们需要对其进行严格的监督和道德治理。

监控：在监控中使用空间计算和 AI 有可能更好地保障公共安全。然而，这也引发了人们对隐私的严重关切。这些系统可以监控、跟踪和分析个人及群体，可能会被用于侵犯隐私和公民人身自由。在监控中使用这些技术时，我们必须设定明确的界限，制定明确的法规，以保护个人隐私权。

执法：在执法方面，这些技术有助于预防犯罪和进行犯罪调查。但是，在使用这些技术时，我们必须考虑到其侵犯个人自由和权利的风险。面部识别软件中的偏见等问题，可能导致身份识别错误和背景情况错误，这个问题需要认真解决。确保这些技术使用方式透明，并将其纳入制衡机制以防止滥用，对于维护公众信任和伸张正义至关重要。

军事应用：在自主武器系统等军事应用中部署空间计算和 AI，会引发有关战争本质以及人类在战斗决策中的监督作用的重要道德问题。机器可自主决定人类生死的前景引发了激烈的道德和哲学争论。我们必须制定并严格执行有关在军事环境中使用此类技术的国际法和道德标准，以防止不道德的使用，并维持人类对致命决策的控制能力。

确保空间计算和AI在这些敏感应用中被合乎道德地使用是一个多方面的挑战，我们需要制定全面的道德准则、严格的监管框架和强有力的监督机制。这项任务需要广泛的利益相关者进行合作，包括技术专家、伦理学家、政策制定者、执法当局、军事官员和公众。要确保这些技术的部署和应用符合基本的社会价值观、人权和道德原则，我们必须积极应对这些道德挑战。只有通过这种协调一致的、透明的工作，我们才能以对社会负责任并符合道德规范的方式利用空间计算和AI的优势。

小结

空间计算与AI的融合带来了前所未有的机遇和重大责任。我们对与这种技术融合相关的一系列风险、挑战和道德问题的探索，揭示了一条复杂而关键的道路，其必须以精确的、前瞻性的眼光来引导。

与这种融合相关的风险超出了单纯的技术障碍，进入了社会影响领域。从AI算法可能误解空间数据从而导致决策失误，到破坏社会—技术系统并改变工作格局和社会规范，其影响是巨大的。这些技术有可能会被不道德地使用，尤其是在监控和国防等领域，这将引发重大的道德问题。此外，这些技术对环境的影响，包括能源消耗和电子垃圾，也强调了我们需要制定具有环境意识的发展战略。

将空间计算与 AI 无缝融合所带来的挑战与技术本身一样错综复杂，包括将先进的 AI 算法与不断发展的空间数据相协调这一艰巨任务。确保这些系统可靠和精确，尤其是在医疗健康和自动驾驶等关键领域，又使技术增加了一层复杂性。此外，这些系统对实时数据处理、可扩展性和适应性的需求也进一步加大了其开发和实施的复杂性。

在这种风险和挑战的背景下，道德问题成为重要的指南针，以引导技术进步的方向与社会价值观和道德规范保持一致。在技术可以侵入私人空间的时代，保护隐私和数据安全至关重要。面对自动化决策，维护人类自主权，并确保 AI 算法不带有偏见，是维持社会信任和公平的关键。要应对更广泛的社会影响，例如潜在的工作岗位流失和不断扩大的数字鸿沟，我们必须采取全面的方法，在技术进步的同时考虑人类和社会的方方面面。

最终，空间计算与 AI 的融合不仅仅是一次技术探索，而且是一段包含社会影响的旅程，需要包括技术专家、伦理学家、政策制定者和公众在内的不同利益相关者共同努力。在这个过程中，我们必须深思熟虑、认真负责，并深刻理解这些技术将对我们的未来产生的深远影响。为应对这些风险、挑战和道德问题而采取的决策和行动不仅将定义技术演进的未来，还将塑造我们这个时代的社会和道德格局。

第8章
你的空间计算和 AI 路线图：
从战略到实施及其他

借助空间计算和 AI，企业正在经历一段复杂的旅程。在这段旅程中，企业需要利用这些先进技术的潜力来促进创新、提高效率并获得竞争优势。本章作为一份重要的指南，提供了一条结构化、全面的途径，以帮助你的企业将这些技术整合到企业运营和战略框架之中。

空间计算与 AI 的融合代表了技术范式的重大转变。要踏上这一融合之旅，企业需要绘制一份战略路线图。这份路线图不仅仅是一系列步骤，而且是一份与企业的总体目标和能力一致的整体规划。它需要周密的规划、高效的资源配置和深思熟虑的管理，以确保成功实施和融合。

这份路线图包含几个关键阶段。首先是战略规划，路线图强调，需要使技术融合与企业的经营目标和准备情况保持一致。其次，企业要将重点转变为选择和整合合适的技术，确保这些技术能无缝地融入现有的系统和流程。

再次是细致且关键的实施阶段，包括建立必要的基础设施、培训员工和有效部署技术等步骤。然而，这段旅程并没有随着实施而结束。持续监控和优化才能确保技术持续有效地服务于预期目的。

此外，该路线图还涉及合规性和道德等重要方面，这在 AI 应用中尤为关键。它强调了在技术部署中遵守法律标准和道德规范的重要性。另一个关键方面是风险管理，包括识别潜在风险并制定可有效降低风险的策略。

在整个过程中，有效的报告和沟通是成功的关键。清晰的沟通渠道和定期进度报告可确保所有利益相关者保持一致并了解情况。

最后，该路线图可以使企业为应对未来趋势和调整做好准备。在空间计算和 AI 这样快速发展的领域，保持领先意味着要做好准备，随着新兴技术和市场的变化而不断适应和发展。在空间计算和 AI 不断发展的背景下，这种具有前瞻性的方法对于长期成功和可持续发展至关重要。下面我们先介绍战略规划。

战略规划

企业内部制定关于空间计算和 AI 的战略规划时，需要采取一种量身定制的方法，重点是将这些先进技术融入更广泛的业务战略中。鉴于空间计算和 AI 技术的专业性，这一过程需要深入了解技术环境以及企业的能力和目标。

了解空间计算和 AI 的潜力：战略规划的第一步是了解空间计算和 AI 技术融合的潜力和影响。本书的目的就在于此。了解如何利用这些技术创造价值是制定有效的战略规划的基础。

使技术与企业目标保持一致：战略规划流程的核心是使技术的功能与企业的经营目标保持一致。这包括确定这些技术可以提高运营效率、推动创新、改善客户体验或创建新业务模式的领域。其中关键是要以支持企业整体愿景和使命的方式融合这些技术。

评估企业准备情况：战略规划过程的一个关键方面是评估企业是否做好了将空间计算与 AI 融合的准备。这项评估应考虑现有的技术基础设施、员工的技能水平、企业文化以及企业内当前的数字化转型水平。

绘制路线图：绘制战略路线图对于空间计算和 AI 规

划的成功实施极其重要。该路线图应包括实现战略目标所需的关键里程碑、时间表和资源分配方案，还应包括扩大规划的规模以及在企业不同部门和职能之间整合的执行计划。

识别和减轻风险：将空间计算和AI融入业务运营会带来一系列风险，包括技术、监管、道德和运营风险。战略规划必须包括识别这些风险并制定降低风险的策略。这包括确保遵守数据保护法规、解决与AI相关的道德问题以及管理其对员工的影响。

在招聘人才和培训上投入更多资源：空间计算和AI战略的成功实施需要招聘合适的人才和进行员工培训。企业可能需要招聘在这些领域拥有专业技能的新人才，或者为现有员工提供培训。发展持续学习和创新的文化可使企业跟上技术发展的步伐。

促进伙伴关系和协作：战略规划还应考虑伙伴关系和协作的潜力。通过与技术提供商、研究机构和其他企业合作，企业可以获得专业知识、新兴技术和新的市场机会。这些合作对于企业保持技术创新的领先地位至关重要。

持续监控和适应：空间计算和AI领域正在迅速发展。因此，战略规划不应是静态的，而需要持续监控和调整。

这包括跟上技术发展、市场趋势以及不断变化的客户需求，并准备好相应地调整策略。

从本质上讲，企业的战略规划是一个动态且复杂的过程，企业需要对这些尖端技术有清晰的了解，使其与企业目标保持一致性，并采取适应性强的方式进行融合和实施。通过全面评估企业的准备情况、绘制全面的路线图、对人才进行投资以及促进合作，企业可以利用空间计算和 AI 的变革潜力，为自己的长期成功和创新奠定基础。

技术选择与整合

对任何希望在当今快节奏的数字环境中保持竞争力和效率的企业来说，技术选择和整合都是一个重要的过程。这个过程包括几个关键阶段，从评估需求、评估方案到实施和管理所选择的技术。

技术选择和整合：在企业内部选择和整合合适的空间计算和 AI 技术是一个微妙的过程，要确定技术不仅符合公司的特定需求，还能提升公司在这些先进领域的能力。

评估具体需求：该过程首先对企业希望通过空间计算和 AI 实现的目标进行全面评估，这就需要清晰地了解这些技术可以解决哪些问题，以及它们能在哪些领域带来最大价值，比如运营效率、客户参与或产品创新。

探索技术选择：在清楚地了解企业的需求后，下一步是探索可用的技术解决方案。这包括研究空间计算和 AI 的各种选项，评估它们的能力、可扩展性以及它们与现有系统的整合程度。目标是找到不仅先进，而且非常适合企业当前和未来需求的技术。

进行成本效益分析：选择过程的一个关键组成部分是进行成本效益分析。这有助于对不同技术所需的财务投资与其潜在收益进行比较。分析时应考虑直接成本和长期运营费用，以及预期的效率、收入或客户满意度改进等。

试点测试和反馈：在完全整合新技术之前，最好由一个小组或部门进行试点测试。这可以让你搜集有关技术性能及其对运营的影响的真实数据。在这个阶段，用户的反馈对于理解任何问题或阻力以及做出必要的调整十分重要。

整合规划：这是指制定将新技术融入现有系统和流程的详细策略，包括技术整合（如确保与现有硬件和软件的兼容）和操作整合（如修改工作流程和程序以适应新技术）。

培训和支持：培训和支持有助于我们成功进行技术整合。员工的培训内容不仅要包括如何使用新技术，还要包括新技术如何改变或改进他们的工作流程。企业还应该提供足够的支持来解决整合过程中和整合后出现的任何问题。

监控和持续改进：技术整合后，我们有必要采取持续监控来评估技术的性能和影响。这包括根据预定义的指标衡量成功与否，并根据需要做出调整。持续改进可确保技术的有效性和相关性。

管理变革：整合新技术通常会引发企业的重大变革。企业需要制定有效的变革管理策略来帮助员工适应这些变化。这包括就采用技术的原因、所带来的好处以及技术对个人角色和责任的影响进行清晰的沟通。

未来的更新和可扩展性：最后，我们还要考虑技术的未来可扩展性和可升级性。随着企业的成长和发展，企业的技术需求可能会发生变化。选择能够扩展并适应未来需求的技术有助于企业取得长期成功。

选择空间计算和 AI 技术并将其整合到企业中是一个涉及多方面的过程，需要认真考虑企业的需求，详细评估技术选项，并制定整合和采用的战略规划。通过采用正确的方法，企业就能成功地利用这些先进技术的潜力，从而显著提高创新力、效率和竞争力。

实施

空间计算和 AI 技术在企业中的实施包含一系列战略步骤，目的是确保这些先进工具得到有效整合，并为企业实现目标做出有意义的贡献。

制订全面的实施计划：明确的实施计划至关重要。该计划应详细说明与空间计算和 AI 技术部署相关的步骤、时间表、资源和具体目标。它需要解决技术方面的问题，如软件和硬件安装、与现有系统的整合、数据迁移，以及运营方面的问题（包括流程变更和员工适应）。

组建专门的实施团队：为了有效实施，我们建议企业组建一个团队专门负责监督这个过程。理想情况下，该团队应由具有空间计算和 AI 技术专业知识的个人以及了解企业运营动态的成员组成。他们的职责是协调从技术部署到用户培训的所有活动。

准备基础设施和系统：实施过程的一个关键阶段是让现有基础设施和系统做好支持新技术的准备。为了确保新技术的兼容性和性能，企业可能需要升级硬件、修改现有软件系统以及增强网络功能。

进行员工培训并提供支持：有效的培训计划可以使员工更快地适应新技术。培训应该是全面的，不仅涵盖新工具所使用的技术，还包括它们如何修改现有工作流程。持续的支持有利于解决实施后出现的任何运营问题。

数据管理和整合：如果新技术涉及数据处理或管理，那么正确的数据迁移和整合是关键。企业要确保数据准确、安全地传输到新系统，并确保这些系统与现有数据库无缝集成，这对于维护数据完整性和运行连续性至关重要。

测试和质量保证：在全面推广新技术之前，企业必须进行严格的测试。这包括检查技术的功能、与现有系统的兼容性以及用户接受度。在此阶段识别并解决所有问题非常重要，这样才能确保部署后的顺利运行。

分阶段实施：分阶段实施可能会给企业带来好处。这种做法是逐步引入该技术，以便能够根据初步反馈进行调整，并最大限度地减少干扰。这种方法还有助于我们更有效地管理整个企业的变革。

监控和反馈循环：实施后，我们还需要进行持续的监控，以跟踪新技术的性能和影响。与用户建立反馈循环可以使我们搜集与实际挑战和需改进的领域相关的见解。

总之，在企业中实施空间计算和 AI 是一个复杂的过程，不仅仅是应用新技术那么简单，还涉及战略规划、基础设施准备、有效培训和变革管理，所有这些都旨在将这些先进的技术无缝整合到企业结构中。只要认真执行这些步骤，企业就能释放空间计算和 AI 的全部潜力，推动创新和提高效率。

监控和优化

监控和优化是企业实施空间计算和 AI 技术的生命周期中的关键阶段。这个流程确保所部署的技术不仅能按预期运行，还能不断改进，并与不断变化的企业目标和市场动态保持一致。

建立监控机制：第一步是建立健全的监控机制，包括建立系统来跟踪空间计算和 AI 应用的性能和使用情况。企业应根据实施阶段设定的目标，定义 KPI。这些 KPI 可能包括系统的正常运行时间、用户参与度、错误率和 AI 输出的准确性等指标。

通过数据分析深入了解性能：数据分析对于监控至关

重要。通过对使用数据、错误报告和用户反馈的分析，企业可以获得有关技术性能的宝贵见解。这种分析可以揭示模式和趋势，帮助企业确定需要改进的领域。

用户反馈整合：用户反馈是优化过程的重要组成部分。定期搜集和分析与空间计算和 AI 系统交互的员工和客户的反馈，可以为用户体验和系统有效性提供实用的建议。这些反馈可以为调整和改进提供指导。

培养持续改进的文化：培养持续改进的文化非常关键。鼓励员工分享他们的经验和建议，可以为改进技术提供创新思路。定期的审查会议和头脑风暴是讨论潜在改进措施的有效途径。

定期的技术评估：定期进行技术评估有助于企业跟上空间计算和 AI 的最新发展。这些评估可以为更新或升级系统提供相关决策信息，以使企业利用技术的更新、更先进的功能。

性能调整和问题解决：积极调整性能和及时解决问题是使技术保持最佳功能的关键。这包括定期更新软件、微调 AI 算法以及迅速解决任何技术故障，以尽量减少停机时间并提高用户满意度。

可扩展性和面向未来：监控还应关注可扩展性。随着企业的发展和需求的变化，空间计算和AI系统应该能进行相应的扩展。这意味着企业要在增加容量、扩展功能或根据需要整合其他模块等方面为未来做好规划。

合规性和道德问题：对于AI等技术，企业需要持续监控其是否符合监管标准和道德准则。这包括数据隐私保护、避免AI算法中的偏见以及保持AI驱动决策的透明度。

培训和技能开发：员工的持续培训和技能开发对于优化非常重要。随着技术的发展，员工需要了解最新功能和最佳实践。这不仅能提高他们的效率，还能确保企业有能力充分利用技术。

空间计算和AI背景下的监控和优化是一个持续的过程，可以最大限度地提高这些技术的投资回报。通过系统地跟踪性能、整合用户反馈、及时了解技术进步以及不断改进系统，企业可以确保其空间计算和AI计划始终有效、相关并与其战略目标保持一致。

合规性与道德

在空间计算和AI的实施中，合规性和道德也不容忽视。这些考虑因素确保企业不仅遵守法律标准，而且承担道德和伦理责任。鉴于这些技术的变革性特征，这一点尤其重要。

了解法律法规和标准：第一步是全面了解与空间计算和 AI 相关的法律环境。这包括了解数据保护法、隐私法规以及适用于这些技术的任何行业特定标准。欧盟的《通用数据保护条例》等法规，以及不同司法管辖区的其他法规，通常对数据隐私和 AI 做出了具体规定。

制定道德框架：制定道德框架至关重要。该框架应指导企业如何开发及使用空间计算和 AI 技术。主要考虑因素包括确保 AI 算法的公平性、透明度和问责制，以及解决偏见和歧视等问题。

数据隐私和安全：对于 AI 和空间计算等严重依赖数据的技术，必须确保数据隐私和安全。这包括实施强大的数据加密、访问控制和安全的数据存储实践。定期审核和更新安全协议对于保护敏感信息也很重要。

AI 系统的透明度：保持 AI 系统的透明度有助于建立信任和问责制。这意味着要对 AI 算法如何做出决策制定明确的政策，并确保用户了解 AI 干预的程度和局限性。在某些情况下，它还可能涉及为 AI 驱动的流程提供人类监督或干预的选项。

员工培训和意识：有必要对员工进行有关空间计算和 AI 的法律和道德方面的教育。培训应包括负责任地使用这些技术、认识潜在的道德困境以及报告违规行为或让人存疑的程序。

定期的合规审计：定期进行合规审计可确保企业始终符合法律和道德标准。这些审计应评估技术方面（如数据处理和 AI 算法的公平性）和运营方面（如用户同意和隐私政策）。

参与 AI 道德社区：企业参与以 AI 道德为重点的更广泛的讨论和社区可能获得益处。与行业团体合作、参加会议以及合作开展研究，可以让我们深入了解该领域最佳实践和新出现的道德问题。

解决 AI 中的偏见：主动解决 AI 算法中的偏见是一个关键的道德问题。这不仅涉及通过一些技术措施来识别和减轻 AI 模型中的偏差，还涉及企业更广泛的工作，以促进技术设计和决策的多样性和包容性。

持续审查和调整：空间计算和 AI 领域的道德和合规性在不断发展。根据新的发展、研究结果和不断变化的法律要求，定期审查和更新政策与实践，对于维护道德诚信至关重要。

将合规性和道德纳入空间计算和 AI 的实施不仅是法律要求，也是道德义务。为此，我们需要采取一种全面的方法，包括了解法律标准、制定道德框架、确保数据隐私、保持透明度和解决偏见问题。通过优先考虑这些方面，企业可以负责任地利用这些先进技术的力量，同时维护公众信任和道德标准。

风险管理

管理与空间计算和 AI 实施相关的风险对企业来说十分重要。这个过程包括识别潜在风险、评估其影响并制定降低风险的策略。有效的风险管理可确保企业能够利用这些技术，同时最大限度地减少负面影响。

识别潜在风险：风险管理的第一步是识别与空间计算和 AI 相关的潜在风险。这些风险既包括系统故障或兼容性问题等技术挑战，也包括数据隐私泄露和 AI 偏见等道德问题，还包括运营风险，如现有工作流程的干扰和员工对变革的抵触。

风险评估和优先级排序：一旦确认了风险，下一步就是评估其可能性和潜在影响。这种评估有助于确定风险的优先级，使企业能够专注于管理那些可能造成最严重影响的风险。需要考虑的因素包括影响的严重程度、发生的可能性以及企业应对风险的准备情况。

制定缓解策略：对于每项已识别的风险，企业应制定缓解策略。这可能涉及技术解决方案，如加强网络安全措施以防止数据泄露，或涉及运营策略，如进行全面测试以确保系统兼容性。它还包括通过政策和程序来解决道德问题，如编写 AI 开发指南以防止偏见。

连续性和灾难恢复计划：企业应制订一个强大的连续性的灾难恢复计划，尤其是对于技术驱动的过程。该计划应包括在发生系统故障或网络攻击时恢复正常运行的步骤，如数据备份、替代操作程序以及恢复工作的资源分配。

监控和定期审查：风险管理是一个持续的过程。企业有必要对空间计算和 AI 系统进行持续监控，以发现新出现的风险。定期审查和更新风险管理计划可确保该计划在面对技术进步和不断变化的企业需求时保持相关性和有效性。

员工培训和意识：对员工进行风险意识和管理实践方面的培训也很重要。他们应该了解与空间计算和 AI 相关的潜在风险，以及在出现问题时如何有效应对。这种培训有助于在企业内部建立一种风险意识文化。

遵守法律法规：确保企业遵守法律法规是风险管理的一个重要方面。这包括随时了解与空间计算和 AI 相关的法律法规，并定期审查实践和政策以确保合规性。

道德问题：道德风险，尤其是 AI 实施中的道德风险，需要得到特别关注。这包括为 AI 的使用制定道德准则，如确保 AI 决策过程的透明度，以及积极努力消除 AI 算法中的偏见。

与专家和合作伙伴合作：与外部专家和技术合作伙伴合作有助于企业有效地管理风险。这些合作可以为我们提供专业知识、新出现的最佳实践以及用于降低风险的额外资源。

对于空间计算和 AI 实施中的风险管理，我们需要采用一种涵盖技术、运营、法律和道德方面的综合方法。通过识别和评估风险、制定有针对性的缓解策略、培养风险意识和预先防范文化，企业可以应对与这些先进技术相关的挑战，最大限度地发挥其优势，同时最大限度地减少潜在的负面影响。

报告与沟通

有效的报告和沟通对于企业实施和持续管理空间计算和 AI 技术很重要。这个流程可确保所有利益相关者都能了解相关举措的进展、挑战和成就，从而提高透明度并获得支持。

建立畅通的沟通渠道：第一步是建立清晰、高效的沟通渠道。这些渠道应满足不同利益相关者的需求，包括管理层、技术团队、其他员工以及可能的外部合作伙伴。其目标是确保所有利益相关者都能获取相关信息。

定期的进度报告：定期报告进度可以让利益相关者了解空间计算和 AI 项目的状况。这些报告应包括最新的实施进展、里程碑事件、遇到的挑战和下一步的措施。这些报告应该针对受众量身定制，为信息技术团队提供技术细节，为执行管理层提供高水平的摘要。

沟通成就和挑战：公开沟通取得的成就和面临的挑战很重要。虽然强调成就和积极的成果很重要，但承认和讨论挑战更有助于建立信任，鼓励人们通过协作解决问题。

反馈机制：有效的反馈机制可以让利益相关者分享他们的见解、担忧和建议。这可以通过定期会议、调查、设置意见箱或数字平台等方式来实现。反馈对于持续改进和解决实施过程中出现的任何问题都非常宝贵。

培训和意识提升课程：为员工提供培训课程和意识提升计划是沟通的一个关键方面。这些课程的目的是让员工了解空间计算和 AI 的好处和潜力、这些技术将如何影响他们的工作，以及他们如何才能有效地使用这些新工具。

数据驱动的报告：在报告中利用数据驱动的洞察力可以深化我们对空间计算和 AI 如何影响企业的理解。指标和分析可以使企业清楚地了解使用模式、系统性能和投资回报率，有助于企业做出明智的决策。

危机沟通计划：制订危机沟通计划也很重要。当出现重大问题或故障时，一个定义明确的计划可确保准确的信息及时传递给合适的利益相关者，从而有助于局势的有效管理，并最大限度地减少负面影响。

AI 决策的透明度：保持透明度很关键，尤其是在 AI 驱动的决策中。这涉及 AI 模型如何做出决策、它们使用的数据以及模型的局限性。保持透明度有助于在用户和利益相关者之间建立信任并获得认可。

法律和监管更新：让利益相关者了解与空间计算和 AI 相关的法律法规的更新非常重要。随着这些技术的快速发展，要保持合规性，企业必须就政策和法规的变化进行持续沟通。

有效的报告和沟通是企业成功实施和管理空间计算和AI技术中一个重要的组成部分。通过建立清晰的沟通渠道、定期报告进展情况、促进有关挑战和成就的公开对话以及保持透明度，企业可以确保所有利益相关者在整个过程中保持一致并参与其中。这种方法不仅有助于企业顺利地实施，还有助于最大限度地发挥这些先进技术的优势。

未来趋势和调整

对利用空间计算和AI的企业来说，紧跟未来趋势并做出相应调整至关重要。这种积极主动的方法可确保企业始终处于技术进步的前沿，不断创新并保持竞争优势。

持续的市场和技术研究：对市场趋势和技术进步的持续研究是基础。密切关注空间计算和AI在不同行业的发展，可以让企业预测变化并发现新的机会。这项研究不仅应包括技术发展，还应包括消费者行为和期望的变化。

培养前瞻性思维：在企业内培养前瞻性思维是关键。鼓励员工思考空间计算和AI的未来可能性和潜在应用，可以使其产生创新的想法和方法。研讨会、头脑风暴和创新实验室可以有效培养这种思维方式。

构建灵活且可扩展的系统：将灵活性和可扩展性纳入空间计算和 AI 系统的设计十分重要。随着技术和市场条件的发展，企业必须构建能够适应新要求或扩大规模以适应增长的系统。这种方法减少了全面检修的需要，并可以使系统实现渐进式的改进。

新兴技术的试点和实验：实验是做出调整的重要组成部分。在空间计算和 AI 领域试用新功能、新工具或新方法，可让企业在全面实施前测试其可行性和有效性。这些试点项目可以为企业提供宝贵的见解，并为未来的战略提供信息。

提高劳动力技能和再培训：企业要跟上技术进步的步伐，就必须对员工队伍的持续教育进行投资。提供最新的空间计算和 AI 技术与方法的培训，可以确保员工具备有效利用这些工具所需的技能。

协作和联络：与其他企业、技术提供商和研究机构进行协作和联络可以使企业获得关于未来趋势的宝贵见解。这些合作还可以为企业提供共同开发新解决方案或调整现有解决方案的机会，以使企业适应不断变化的市场需求。

敏捷且响应迅速的战略开发：在战略制定过程中，坚持敏捷、响应迅速的方法非常重要。这意味着企业要随时准备根据新信息、技术突破或商业环境的变化来调整战略计划。定期的战略审查和更新应该成为企业日常工作的一部分。

监控监管和道德方面的发展：企业应及时了解与空间计算和 AI 相关的监管和道德发展动态。随着这些技术的进步，规范其使用的法律和道德框架也在不断完善。企业必须调整其做法，以保持合规性并维护道德标准。

利用预测分析：使用预测分析有助于企业预测未来趋势。通过分析数据模式和趋势，企业可以做出更明智的决策，确定空间计算和 AI 技术的发展方向，以及了解如何为这些变化做最佳准备。

为适应空间计算和 AI 的未来趋势，企业需要采取多方面的方法。它涉及持续的研究和开发、培育创新和前瞻性思维的文化、建立灵活的系统、提高员工的技能以及保持敏捷的战略。通过了解未来发展趋势并做好准备，企业不仅可以适应变化，还可以在不断发展的技术环境中推动创新和实现增长。

可持续发展和负责任的 AI

在空间计算和 AI 的实施中，融入可持续性和负责任的实践变得越来越重要。随着这些技术的发展，企业必须确保其应用不仅有效和有创新性，而且符合道德规范和具有环境可持续性。

优先考虑合乎道德的 AI 开发：企业应以合乎道德的方式开发 AI。这包括设计公平、透明和负责任的 AI 系统。企业应制定指导方针，防止 AI 算法出现偏见，确保数据隐私，并让用户理解 AI 的决策过程。创建符合道德规范和社会价值观的 AI 系统对于企业长期成功和取得公众信任极其重要。

环境影响评估：评估空间计算和 AI 技术对环境的影响很关键。这包括评估为 AI 计算提供动力的数据中心的能耗、空间计算中所用硬件的生命周期影响以及这些技术的总体碳足迹。我们应努力减少其对环境的影响，如使用可再生能源和节能硬件。

推广可持续实践：在企业内部推广可持续实践及其技术的使用非常重要。这包括实施绿色计算计划、鼓励用户采取可持续使用模式以及选择环保型硬件和软件解决方案。

负责任的数据管理：负责任的数据管理是可持续和负责任的 AI 的一个关键方面。这意味着企业要确保以尊重用户隐私并遵守数据保护法规的方式搜集、使用和存储数据，还要保持数据搜集实践的透明，以及让用户控制自己的数据。

持续遵守法规：企业必须持续遵守法律和监管标准，尤其是遵循与环境可持续性和 AI 道德相关的标准。随着这些法规的不断发展，企业必须相应地调整其实践，以保持合规性。

员工教育和培训：企业应让员工了解可持续和负责任的 AI 的重要性。培训计划应涵盖负责任的数据处理、合乎道德的 AI 开发和可持续的技术实践。培养员工的意识有助于将这些价值观融入企业文化中。

协作与伙伴关系：企业与其他企业、行业团体和监管机构合作可以加强在可持续和负责任的 AI 方面的努力。这些合作可以使参与者共享最佳实践、制定行业标准以及共同应对可持续发展挑战。

监控和报告：定期监控和报告可持续和负责任的 AI 实践对于提高透明度和加强问责制非常重要。这包括跟踪可持续发展目标的进展、评估 AI 系统的道德影响并向利益相关者报告这些发现。

利用 AI 实现可持续发展：有趣的是，AI 本身可以成为促进可持续发展的强大工具。AI 可以帮助优化能源使用、减少浪费并提高资源分配效率。企业应该探索如何利用 AI 来推进其可持续发展的目标。

对采用空间计算和 AI 的企业来说，关注可持续和负责任的 AI 是必要的。通过优先考虑合乎道德的 AI 开发、评估环境影响、推广可持续实践、确保符合不断发展的标准，企业不仅可以提高运营效率和创新能力，还能为社会和环境做出积极贡献。

总之，将空间计算和 AI 融入企业的过程既充满挑战，又让企业获益颇丰。本章为你提供了一份详尽的指南。从制定基础战略到选择和整合合适的技术，从精心实施到持续监控和优化，每一步对于充分发挥这些变革性技术的潜力都至关重要。路线图强调了道德问题、合规性、有效风险管理和清晰沟通的重要性，确保这些技术的集成不仅在技术上合理，而且对社会负责，并与企业的价值观保持一致。随着技术的不断发展，本路线图将成为企业适应、创新和引领空间计算和 AI 领域的重要工具，并为未来技术和人类聪明才智融合从而创造前所未有的可能性奠定基础。

第 9 章
明天和未来 10 年：展望未来

我们在最后一章深入探讨空间计算和 AI 对世界的变革性影响。这种探讨不仅仅是预测技术进步，而且是关注这些技术将如何从根本上改变我们的日常生活，重新定义社会规范并应对全球挑战。

设想一下与无处不在的空间计算深度融合的日常生活。AR 和 VR 技术正在向更方便用户的方向发展，将成为从导航到教育和娱乐等人们日常活动中必不可少的工具。AI 在空间推理方面的进步，将增强 AR 和 VR 系统与物理世界之间的交互，使这些体验更加直观和智能。

这个未来包括混合现实生态系统的发展，将创造出物理世界与数字世界无缝融合的沉浸式环境。这些生态系统将实现 AR 和 VR 之间的平滑过渡，丰富我们对世界的感知和互动。

在 AI 的驱动下，用户体验将通过"超个性化"实现变革。这些量身定制的 AR 和 VR 体验将提供当前技术中前所未有的参与度和沉浸感。触觉反馈和其他感官技术（例如空间音频和嗅觉交互）的增强将使这些沉浸式体验更具深度。

AI 驱动的空间计算对医疗健康、教育和商业的影响是巨大的。医疗健康领域将在远程医疗和个性化治疗方面取得进步；逼真的模拟将彻底改变教育领域；企业将在创新设计、培训和客户参与等方面采用这些技术。

然而，这些技术的发展需要负责任的开发过程。道德准则和监管合规性将确保人们负责任地使用这些技术，并强调包容性、隐私和用户同意。跨平台整合和超越 5G 网络的进步将加强协作和连接，带来更加动态、实时的体验。

AI 驱动的空间计算将对社会和文化产生巨大的影响，改变沟通、社交和创意表达方式。可持续发展和环境问题也将成为人们关注的焦点，这就需要强调可持续发展实践的必要性，并评估技术基础设施对生态环境的影响。

这个时代充满了独特的机遇和挑战。AI 和空间计算具有实现技术民主化的潜力，但它们也带来了不确定性，并对适应性提出了要求。终身学习对于各个领域的专业人士都至关重要。

本章旨在帮助你为即将到来的未来做好准备，让你重新考虑自己在这个瞬息万变的世界中的角色和领导力。我们与技术之间以及人与人之间的互动方式正处于重大转变的风口浪尖。我们在这个时代做出的选择和行动，将决定这次技术探索和拓展的轨迹。你准备好迎接AI驱动的空间计算新时代所带来的挑战和机遇了吗？

持续融入日常生活

在不久的将来和未来的几年里，空间计算和AI将继续融入我们日常生活的核心。这种融合将是多方面的，涉及个人和专业领域的各个方面。

以下是人们日常生活受到影响的一些主要方式。

家庭和个人环境：在智能家居领域，空间计算将增强用户与其生活空间之间的互动。AI驱动的虚拟助手将会不断发展，变得更加直观，并能够提供个性化体验。AR和VR的使用将改变娱乐方式，带来沉浸式游戏和媒体消费体验，模糊虚拟世界和现实世界之间的界限。

工作场所转型：随着这些技术的采用，工作场所将发生重大转变。使用 AR 和 VR 的空间计算将彻底改变培训和技能发展，让员工能够参与逼真的模拟和进入互动学习环境。AI 将继续简化日常任务并使之自动化，让人们能够专注于更具创造性和战略性的活动。

医疗健康进步：在医疗健康领域，空间计算和 AI 的应用将改善患者护理和创新治疗方法。外科医生可以利用 AR 提高手术精度，而 AI 可以随时协助医生更准确、更迅速地诊断疾病，从而通过及早识别病症来挽救生命。

零售和购物体验：零售行业的客户体验将发生变更。虚拟试衣间、基于 AR 的产品演示和 AI 驱动的个性化购物助理将变得普遍，为顾客提供无缝且增强的购物体验。

教育和学习：教育部门将从这些技术中受益匪浅。VR 和 AR 带来的互动和沉浸式学习体验将使教育更具吸引力和便利性。AI 所具有的制订个性化学习计划和评估的能力将彻底改变传统的教育方法。

城市规划和管理：在城市发展中，AI 和空间计算将在设计更智能的城市方面发挥重要的作用。从交通管理到城市规划，这些技术将为创造更高效、更可持续的城市环境提供见解和工具。

交通和出行：未来的交通将受到 AI 的显著影响，自动驾驶汽车将变得更加普及。空间计算还将增强导航和车内体验，提供交互式和信息丰富的显示和控制。

娱乐和媒体：娱乐业将见证内容创作和消费的新时代。电影、游戏和虚拟活动将越来越多地利用 AR 和 VR，提供曾经只存在于科幻小说领域的空间体验。

展望未来，很明显，空间计算和 AI 将融入我们的日常生活中，重塑我们的体验和互动。未来 10 年将是一段激动人心的充满技术演进、社会转型和无限可能性的旅程。

增强用户体验

随着我们进入下一个 10 年，通过空间计算和 AI 增强用户体验将成为一个关键的发展领域。这种演变几乎将触及人类与技术互动的方方面面，重塑我们感知和参与数字世界的方式。

个性化是核心：AI 分析海量数据并从用户交互中学习的能力，将推动个性化达到前所未有的水平。在娱乐、购物和内容消费等领域，这意味着可以根据个人喜好、习惯和兴趣定制体验。例如，流媒体服务不仅可以使用 AI

推荐内容，还可以根据用户反应实时调整内容。

物理世界与数字世界之间的无缝互动：空间计算将打破物理领域与数字领域之间的障碍。AR 和 VR 将使用户能够以更自然、直观的方式与数字内容交互。例如，物理环境中的 AR 叠加（如博物馆中的互动显示或将数字信息无缝集成到物理空间中的增强购物体验）将变得司空见惯。

彻底改变娱乐和游戏业：娱乐和游戏行业将发生变革性转变。VR 和 AR 将提供超越屏幕和设备的沉浸式体验，创造出新的故事讲述形式和互动游戏形式。想象一下，在现场音乐会上，观众通过 VR 技术感觉自己仿佛与表演者同台演出，或者通过 AR 游戏将整个城市变成游乐场。

教育和培训领域的进步：在教育和培训方面，增强的用户体验将使学习更有效。VR 和 AR 可以为医学、航空和工程等领域的培训创建逼真的模拟环境，提供实践经验，而不会产生与现实培训相关的风险。AI 将根据个人学习速度和风格调整培训模块，从而进一步提升培训效果。

更智能的医疗健康界面：在医疗健康领域，患者与医疗设备和服务的互动将发生革命性的变化。AR 可以通过三维可视化向患者解释复杂的医疗状况，而 AI 可以根据个人健康数据提供个性化的健康建议。

互动的公共服务和空间：公共服务和空间将变得更具互动性、更加人性化。空间计算可用于增强公共空间（如机场或市中心）的导航功能，AR 可提供实时的情境感知信息。AI 还可以用于提供公共服务，为公民提供更高效、更有针对性的服务。

增强无障碍环境，满足不同需求：这些技术的一个重大影响是让有不同需求的人更容易获得技术。AI 和空间计算可以为残疾人提供定制的界面和交互，提高他们获取和使用各种服务和产品的能力。

工作场所生产力和协作：在工作场所，这些技术将提高生产力和协作能力。AR 和 VR 可以实现更有效的远程协作，创建模仿实体办公室的虚拟工作空间。AI 将有助于管理和优化工作流程，通过将常规流程自动化，帮助员工专注于创造性和战略性的任务。

从本质上讲，在未来 10 年，通过空间计算和 AI 增强用户体验，我们有望实现更直观、个性化和沉浸式的技术交互。这种演变不仅将重新定义娱乐和休闲，还将延伸到教育、医疗、公共服务和工作场所等更实际的领域，从根本上改变我们的生活、学习和工作方式。

变革性应用

未来10年，空间计算和AI将推动一批变革性应用出现，这些应用将重新定义各行各业，创造新的市场，并彻底改变日常体验。这些应用不仅将突破技术上可能的极限，还将重塑社会规范和商业模式。

自主系统和机器人技术：AI和空间计算的融合将带来自主系统和机器人技术的重大进步。我们有望看到更先进的自动驾驶汽车、无人机和机器人系统，它们能够以前所未有的精度和智能在物理世界中导航和交互。这将对运输、物流、农业和制造业等领域产生影响。

医疗健康革命：在医疗健康领域，这些技术将在诊断、制订治疗计划和护理患者方面取得突破。AI分析医疗数据的能力将使我们能够更准确地检测到早期疾病。空间计算，尤其是通过AR和VR进行的空间计算，将用于手术模拟、患者教育甚至实际手术，以提高手术的精确度。

智慧城市和城市规划：空间计算和AI将在智慧城市的发展中发挥关键作用。这些技术的应用可以使城市规划、交通管理和资源分配更高效。AI驱动的城市数据分析可以给我们带来更安全、洁净、可持续的生活环境。

先进制造和供应链管理：在制造和供应链管理方面，AI 与空间计算的融合将使生产流程变得更高效、更灵活。AI 可以优化供应链、预测维护需求并加强质量控制。AR 可以协助工人完成复杂的装配任务，或在物流作业中提供实时数据叠加。

彻底改变零售和客户服务：通过虚拟展厅、AR 增强的产品可视化和 AI 驱动的客户洞察，零售和客户服务将发生变革。这些技术可以创造个性化的在线购物和实体店购物体验，并通过改进服务和互动来提高客户满意度。

内容创作和媒体的演变：空间计算和 AI 将彻底改变媒体和内容创作行业。我们可以期待更多个性化和沉浸式的内容，例如 AI 生成的音乐或新闻，以及提供新的故事讲述形式和娱乐形式的 AR 或 VR 体验。

教育和技能发展：在教育领域，这些技术将创造更加沉浸式和个性化的学习体验。AI 可以根据个人的学习风格定制教育内容，而 AR 和 VR 可以模拟现实世界的环境，并在历史、科学和艺术等领域提供实际的学习体验。

环境监测和可持续发展：AI 和空间计算将在环境监测和促进可持续发展方面发挥重要作用。AI 可以分析环境数据，以预测和减轻自然灾害，而空间计算有助于将环境变化和影响可视化，为教育和政策制定提供帮助。

增强的安全和监控：这些技术在安全和监控领域的应用将带来更复杂、更有效的系统。AI 可以分析各种来源的数据，以监测和响应威胁，而空间计算可以提供先进的监控功能。

创新金融服务：在金融领域，AI 和空间计算将引入新的客户交互和服务交付方式。从 AI 驱动的投资建议到 AR 增强的银行体验，这些技术将使金融服务更加便捷和个性化。

未来 10 年，空间计算和 AI 的变革性应用将触及我们生活的方方面面，从我们如何工作和学习，到如何管理我们的健康以及与环境互动。这些发展不仅有望带来技术进步，还有可能产生重大的社会和经济影响，推动各个行业的创新和进步。

道德和监管发展

随着我们进入下一个 10 年，空间计算和 AI 的前景将受到不断发展的道德问题和监管框架的巨大影响。我们在前文已经深入讨论了我们所面临的道德和法律问题的性质，下面将介绍目前旨在减轻这些担忧而采取的措施。这些新发展对于指导人们负责任地使用这些技术、确保它们造福社会，同时减轻潜在风险和负面影响至关重要。

更严格的数据隐私和安全法规：随着 AI 和空间计算的应用变得日益广泛，我们有必要制定更严格的数据隐私和安全法规。各国政府和监管机构可能会出台更全面的法规来保护个人数据，类似于欧盟的《通用数据保护条例》。这些法规将要求用户对其数据拥有更大的控制权，数据透明度更高，并对数据泄露行为实施更严格的处罚。

合乎道德的 AI 标准：随着 AI 系统越来越普及，合乎道德的 AI 发展越来越受到关注。这包括制定标准和指南，以防止 AI 算法出现偏见，确保公平性，并保持 AI 决策过程的透明度。道德问题将成为 AI 开发中的一个核心问题，未来企业将展示其对负责任的 AI 实践的承诺。

对自主系统的监管：自动驾驶汽车、无人机和其他 AI 驱动系统的兴起，将促使新的法规发布以监管其使用。这些法规将涉及安全标准、责任问题和道德问题，如在危急情况下的决策。其目的是确保这些系统安全地融入人们的日常生活，包括道路和空域。

知识产权和 AI：未来 10 年，与 AI 相关的知识产权法也将有所发展。围绕 AI 生成的内容和发明的所有权问题将变得更加突出。立法者将努力解决各种问题，例如 AI 系统是否可以被视为发明者或作者，以及在 AI 合作中知识产权如何分配。

全球标准和协作：鉴于技术开发和部署的国际性，我们需要努力制定 AI 和空间计算的全球标准和协作框架。这种方法将协调跨境监管，促进国际合作，并减少不同监管制度之间的冲突。

关注可持续性和环境影响：道德和监管方面的发展还将包括关注这些技术的可持续性和环境影响。这可能包括监测为 AI 计算提供动力的数据中心的能源消耗情况，以及监测空间计算所用硬件的制造和处置对环境的影响等。

监管关键领域的 AI：各国将针对 AI 在医疗健康、金融和国防等关键领域的使用制定具体法规。这些法规将确保 AI 在这些领域的应用安全、可靠，不会对公共福利或安全造成不必要的风险。

公众参与和政策制定：在制定 AI 和空间计算的政策和法规时，各国将更加强调公众参与。这将涉及广泛搜集利益相关者的意见，包括技术专家、伦理学家、最终用户和公众，以确保政策反映广泛的利益和关切。

调整教育和劳动力培训：道德和法规的变化也将推动教育和劳动力培训的调整。随着新标准和新法律的实施，使用这些技术的专业人员需要接受道德问题、合规要求和最佳实践方面的教育。

在塑造空间计算和 AI 技术的未来时，道德和法规的发展将发挥关键作用。通过解决围绕隐私、安全、道德和可持续性等方面的关键问题，这些发展将确保空间计算和 AI 的进步符合社会价值观，并为人类进步做出积极贡献。

协作和连接

随着我们进入下一个 10 年，协作和连接将成为空间计算和 AI 发展的基本主题。这些技术不仅将增强个人与企业的联系和合作，还将促进新型协作，并创造更深层次的相互联系。

增强远程协作：空间计算，特别是通过 AR 和 VR 进行的空间计算，将彻底改变远程协作。模仿实体办公室的虚拟工作空间将变得更加普遍，使遍布全球各地的团队能够像处在同一个房间里一样进行互动。这还包括虚拟会议，与会者可以与三维模型或数据实时交互，从而提高参与度和生产力。

AI 驱动的沟通工具：AI 将在增强沟通工具方面发挥重要作用，使其更加高效、直观。自然语言处理和机器学习将赋能更复杂的虚拟助手和聊天机器人，它们可以促进沟通、管理日程，甚至预测未来的合作需求并为之做好准备。

互操作性和标准化：随着空间计算和 AI 技术的成熟，人们将更加重视互操作性和标准化。这将促进不同平台和设备之间的无缝集成，确保协作工具在毫无技术障碍的环境下协同工作。这还将涉及制定数据格式和通信协议的通用标准。

通过 AR 和 VR 进行社交连接：AR 和 VR 将通过创造更具沉浸感和互动性的连接方式来改变社交互动。这可能包括虚拟社交空间，人们在这一空间可以超越地理界限，以更逼真的方式见面和互动。这些技术还将提供新的文化体验途径，例如虚拟游览博物馆或历史遗址。

协作式 AI 开发：AI 本身的发展将变得更具协作性。开源平台和众包数据将变得越来越重要，从而为 AI 开发提供更多样化的输入和视角。这种协作方法有助于创建更强大、更公正的 AI 系统。

智慧城市的连接：空间计算和 AI 将增强智慧城市的

连接，将各种服务和基础设施连接起来，以实现更高效的城市管理。这包括将交通系统、公共服务和公用事业整合到一个紧密结合的网络中，所有这些都通过先进的 AI 算法进行管理，以实现最佳性能。

增强的客户互动：在零售和客户服务中，这些技术将带来更加个性化和具有互动性的客户体验。例如，AI 可以分析客户数据，提供量身定制的建议，而 AR 可以用于虚拟产品演示，增强客户的决策过程。

医疗健康领域的协作：在医疗健康领域，空间计算和 AI 能让医疗健康专业人员之间的协作达到新的水平。例如，来自世界不同地区的专家可以使用 AR 实时协作进行复杂的手术，或者在 AI 分析的辅助下分享对患者治疗计划的见解。

教育协作和学习网络：在教育领域，这些技术有助于创建协作学习环境和全球学习网络。来自世界不同地区的学生可以进入虚拟教室、参与协作项目并共享资源，所有这些都通过 AI 驱动的个性化学习体验得到增强。

总之，空间计算和 AI 的未来与加强协作和连接有着内在的联系。这些技术不仅将改进现有的协作方法，还将创造新的互联模式，以人们难以想象的方式将人员、数据和系统汇集在一起。这种增强的互联互通将推动创新、提高效率，并在各个领域和生活的各个方面培养全球社区意识。

文化和社会影响

展望未来 10 年，空间计算和 AI 对文化和社会的影响将日益凸显。这些技术将重新定义我们的社会规范，影响文化发展，并深刻地塑造人类互动。

重新定义人类互动和交流：空间计算，特别是通过 AR 和 VR 进行的空间计算，将改变我们彼此互动和交流的方式。虚拟环境将为社交互动提供新的空间，超越物理限制，让人们以更具沉浸感、更具吸引力的方式进行交流。这可能会形成基于共享虚拟体验的新型在线社区和社交网络。

对艺术和创造力的影响：艺术和创造力将发生重大变革。艺术家和创作者将拥有新的工具，以打造融合物理世界和数字世界的体验。AI 也将作为创意伙伴出现，提供创作艺术、音乐和文学的新方法，有可能挑战我们传统的创意和艺术创作模式。

消费者行为和期望的变化：随着消费者越来越习惯于空间计算和 AI 带来的个性化和沉浸式体验，他们的期望和行为将会发生变化。企业需要适应这些不断变化的需求，无论是在网络还是在实体空间，都要提供更多量身定制的、更具吸引力的体验。

教育变革：教育将变得更加便捷和个性化。虚拟教室和增强教室将打破地理障碍，使来自世界不同地区的学生能够一起学习。AI能够根据个人学习风格定制教育内容，这将使教育更加有效、更具包容性。

对心理健康和保健的影响：空间计算和AI在心理健康和保健方面的融合将提供新的治疗和自我保健方式。例如，VR可用于沉浸式治疗，为探索困难经历的人或恐惧症患者提供安全的环境。AI驱动的应用可以为人们提供个性化的心理健康建议和支持。

道德和社会挑战：这些技术的广泛采用也将带来道德问题和社会挑战。数字鸿沟、隐私问题以及通过操纵或有害的方式利用AI、AR和VR等问题需要我们认真考虑和主动应对。

文化保护和传播：空间计算和AI将在文化保护和传播方面发挥作用。VR可以将历史遗迹和文化体验带给更广泛的受众，使得参观过程更便捷，并有助于文化保护。AI可以帮助我们分析和理解文物，为我们了解历史和文化遗产提供新的视角。

工作与生活的平衡和生活方式的改变：这些技术融入工作场所和家庭也将影响工作与生活的平衡和生活方式。远程工作和虚拟办公室可能会变得更加普遍，这会让人们的工作更加灵活，但也会模糊个人生活和职业生活之间的界限。

全球化和跨文化交流：空间计算和 AI 将进一步加强全球化，促进跨文化交流和理解。虚拟环境可以促进不同文化背景的个人之间的互动和协作，推动建立一个更加包容和互联的世界。

未来 10 年，空间计算和 AI 对文化和社会的影响将是深远的。虽然这些技术为提升人类体验、创造力和全球连接提供了令人兴奋的可能性，但它们也提出了新的挑战和道德问题。为应对这些影响，社会各界需要深思熟虑，确保在实现这些技术效益的同时，负责任地管理其潜在风险。

可持续发展和环境

随着我们进入下一个 10 年，空间计算和 AI 在推动可持续发展和解决环境问题方面将发挥越来越大的作用。这些技术有潜力为环保工作做出积极贡献，但也会带来新的挑战，需要我们以负责任的态度应对这些挑战。

能源效率和资源管理：AI 将在优化能源使用和资源管理方面发挥至关重要的作用。通过分析大量环境数据，AI 可以帮助开发更有效的资源利用方式，减少浪费和降低碳足迹。在制造和物流等行业，AI 驱动的优化可以显著降低能源消耗和排放。

环境监测和保护：空间计算和 AI 将提高我们监测环境变化和保护生态系统的能力。AI 算法可以处理来自卫星、传感器和无人机的数据，以跟踪森林砍伐、海洋健康和空气质量等。这些数据可以为制定保护战略和政策决策提供依据。

智慧和可持续城市：在城市发展方面，这些技术将有助于创建更可持续、更高效的智慧城市。AI 可用于智能交通管理，减少拥堵和污染，而空间计算可以通过模拟不同的发展场景及其环境影响来协助城市规划。

气候变化分析和缓解：AI 分析复杂和庞大的数据集的能力对于研究气候变化是无价的。它可以提供更准确的气候模式和预测极端天气事件，帮助我们制定缓解和适应策略。AI 还可以帮助模拟并检测不同的气候变化对策的有效性。

可持续农业和粮食生产：在农业领域，AI 和空间计算可以带来更具可持续性的实践。AI 有助于精准农业的发展，优化水、肥料和农药的使用，同时最大限度地减少对环境的影响。空间计算可以帮助农民监测作物健康和土壤状况，提高产量并减少浪费。

绿色技术和可再生能源：这些技术还将支持绿色技术和可再生能源的开发和应用。AI 可以优化太阳能和风电场等可再生能源系统的运行，提高其效率并将其并入电网。

技术可持续性的挑战：然而，技术本身的可持续性是一个令人担忧的问题。AI、空间计算硬件和基础设施（包括数据中心）的生产和运行需要消耗大量能源，这可能导致碳排放量增加。解决这些技术对环境的影响非常重要，包括尽量使用可再生能源，并开发更节能的硬件和算法。

生命周期评估和循环经济：技术产品的生命周期评估将变得越来越重要。这涉及评估产品从生产到废弃的整个过程对环境的影响。循环经济的概念，即产品的再利用和循环设计，对于减少技术的环境足迹十分重要。

公众意识和行为改变：最后，这些技术可以在提高公众对环境问题的认识和促进行为改变方面发挥作用。通过

AR 和 VR 创建的互动和沉浸式体验，人们可以了解气候变化和环境退化的影响，从而采取更可持续的做法。

未来 10 年，可持续性和环境问题将成为空间计算和 AI 的发展与应用中不可或缺的一部分。虽然这些技术为环境管理和保护提供了强大的工具，但要实现可持续和负责任的技术未来，解决其自身对环境的影响很有必要。

结论：拥抱 AI 驱动的空间计算

综上所述，AI 驱动的空间计算融入我们的生活显然不仅是未来的可能，而且是正在展开的现实。这一技术变革将重塑我们的日常互动，重新定义用户体验，并在众多领域引入突破性的应用。协作和连接的重要性与日俱增，再加上深刻的文化和社会影响，其将改变人类互动的方式和社会规范的结构。此外，解决这些技术的可持续性和环境影响，也是实现平衡和负责任的技术未来的当务之急。

由于空间计算和 AI 的进步，我们正在进入一个数字世界与物理世界的边界日益模糊的时代。我们认为这是两个世界的联姻，它们将共同构建一个比我们所知道的世界更加美好的世界。这些技术将深深融入我们的日常生活，彻底改变我们与环境互动、娱乐和工作的方式。从我们的家庭到医疗健康设施，从虚拟娱乐平台到创新的工作场所解决方案，都有可能发生变革。

空间计算和 AI 的能力将极大增强未来的用户体验。这将使物理和数字领域之间能够更加无缝地互动，为娱乐、教育和医疗健康等各个领域提供个性化和沉浸式的体验。这些进步将从根本上改变我们与数字内容和界面的互动。

空间计算和 AI 的变革性应用将重新定义现有行业，并催生新的市场。无论是通过自主系统、智慧城市的发展、制造业的进步还是医疗健康领域的突破，这些技术都将颠覆传统实践，并引入新的范式。

当我们拥抱这些技术进步时，道德和监管方面的发展将发挥至关重要的作用。关注负责任的创新、数据隐私和遵守道德标准对确保这些技术的有益应用和防止潜在危害来说必不可少。

增强的协作和连接将重新定义个人和企业的沟通和协作方式。由 AR 和 VR 技术驱动的远程协作创新，以及 AI 增强的沟通工具，将创造更加互联和高效的工作环境。这些技术进步不会将我们分隔成各自独立的世界，而是会让我们更加紧密地联系在一起，从而更高效地工作。

空间计算和AI预计将产生巨大的文化和社会影响。这些技术将对艺术、创造力、教育、心理健康和保健产生重大影响。它们将改变社会互动,并导致消费者行为和期望的转变。

最后,空间计算和AI将在促进可持续发展和应对环境挑战方面发挥重要作用。虽然这些技术十分有助于环境管理和保护,但它们的生态足迹必须得到负责任的管理。

在这个变革的时代,我们必须意识到AI驱动的空间计算所带来的机遇和挑战。未来蕴含着巨大的潜力,而我们的决策和行动将对这一技术演进的方向产生重要影响。未来的道路注定是变革性的,要求我们具备适应能力、道德意识和对可持续发展的承诺。本书既是一份路线图,也是一个行动号召,鼓励我们以洞察力、责任感和奉献精神来迎接未来,利用技术造福社会。

致 谢

两位作者谨向威利商业公司的珍妮·雷、卡斯珀·巴伯及其他团队成员表示感谢。

伊雷娜·克罗宁特别要感谢她最好的朋友卡罗尔·考克斯,卡罗尔·考克斯确保伊雷娜除了写作和工作之外还能做其他事情,并最终让一切变得更好。她还要感谢她的兄弟亚历克斯·卡鲁蒂的善意。伊雷娜还想感谢她的合著者凯西·哈克尔,凯西为本书的写作带来了乐趣,此外还要感谢戴维·查默斯、彼得·库利奇、玛丽琳·德尔堡-德尔菲斯、肯·加德纳、卢克·加德纳、乔恩·马利夏克、马特·米斯尼克斯、埃隆·马斯克、杰里迈亚·欧阳、马特·拉斯托瓦茨、菲利普·罗斯代尔、贾森·施奈德曼、罗伯特·斯考布尔、史蒂夫·辛克莱、布莱恩·索利斯、尼克·圣皮埃尔、克里斯·斯托克尔-沃克、雨果·斯沃特、莫杰塔巴·塔巴塔巴伊、迪安·高桥和迪尔默·瓦莱西洛斯。

凯西·哈克尔想要感谢伊雷娜·克罗宁与她一起合作完成这本书。凯西还想感谢她的家人和孩子们在生活发生许多变化的一年中给予的所有支持。她还要感谢以下人员和组织：萨莎·诺普、费丝·波普米恩、莫妮卡·瓦林、苏珊·马蒂厄、莱斯利·香农、林赛·麦金纳尼、安德鲁·施瓦茨、李·基布勒、夏洛特·珀曼、索尼娅·德尼斯、莉莉·斯奈德、约翰·巴泽尔、伊西多拉·德·维森特、伊格纳西奥·阿科斯塔、阿尔贝托·卡里洛、杰西卡·马塔克、格伦达·乌马纳、埃米尔·霍夫曼、伊赖达·里瓦斯、查理·芬克、拉斐拉·卡梅拉、科特尼·哈丁、乔安娜·波珀、汤姆·埃姆里希、理查德·恩特鲁普、马尼·普恩特、凯瑟琳·赫赛特、拉尼·马尼·利娅·内森、德布·格雷松·里格尔、阿利·K.米勒、苏珊·希金博特姆、萨拉及布莱克、萨曼莎·沃尔夫、格雷格·卡恩、蒂娜·图利、托尼·帕里西、罗尼·阿博维茨、特德·希洛维茨、阿尼法·姆维姆巴、卡琳·戈尔曼、查丽莎·张、戴维·本迪、IoDF的工作人员、玛乔丽·埃尔南德斯、埃米·佩克、罗杰·斯皮茨、加里·韦、埃弗里·阿基内尼、安德烈亚·沙利文、埃里克·雷德蒙和UTA、Adweek的播客网络、职业未来学家协会（Association of Professional Futurists）、女性商数（Female Quotient）。

注　释

推荐序　我们正处于全新空间现实的开端：要么沉浸，要么死亡！
1. Porter, J. (2023 November 6). ChatGPT continues to be one of the fastest-growing services ever. The Verge. https://www.theverge.com/2023/11/6/23948386/chatgpt-active-user-count-openai-developer-conference#.

前言　AI 与空间计算融合的前沿
1. Takahashi, Dean. (2019 December 10). Magic Leap formally launches Magic Leap 1 and reveals enterprise partners. VentureBeat. https://venturebeat.com/business/magic-leap-formally-launches-magic-leap-1-and-reveals-enterprise-partners/.
2. Vass, B. The best way to predict the future is to simulate it. (2022 September 12). AWS Spatial Computing Blog. https://aws.amazon.com/blogs/spatial/the-best-way-to-predict-the-future-is-to-simulate-it/.

第 1 章　AI 革命：变革当前的商业
1. Immersive e-commerce accelerated by AI. (n.d.). Obsess. https://obsessar.com/feature-ai-accelerated-virtual-stores/.
2. Welch, A. (2023 September 14). Artificial intelligence is helping revolutionize healthcare as we know it. Content Lab U.S. https://www.jnj.com/

innovation/artificial-intelligence-in-healthcare.
3. John Deere. (2022 January 4). John Deere reveals fully autonomous tractor at CES 2022. www.deere.com. https://www.deere.com/en/news/all-news/autonomous-tractor-reveal/.
4. Rogers, J. (2023 September 26). Spatial computing is the next frontier in airline flight safety. IBM Blog. https://www.ibm.com/blog/spatial-computing-is-the-next-frontier-in-airline-flight-safety/.
5. Sketch, G.(2020 April 8). Enterprise use Cases for spatial computing. Gravity Sketch. https://www.gravitysketch.com/blog/articles/enterprise-use-cases-for-spatial-computing.
6. Tomilli. (2023 March 9). Action Audio's NBA debut. Tomilli. https://tomilli.com/usa-canada/action-audios-nba-debut/.
7. Lemire, J. (2023 July 13). How the NBA is testing Hawk-Eye's tracking and video replay system to help refs. www.sportsbusinessjournal.com. https://www.sportsbusinessjournal.com/Journal/Issues/2023/07/10/Technology/nba-hawkeye.aspx.

第 2 章 空间计算新时代的演进

1. Takahashi, Dean. (2019 December 10). Magic Leap formally launches Magic Leap 1 and reveals enterprise partners. VentureBeat. venturebeat.com/business/magic-leap-formally-launches-magic-leap-1-and-reveals-enterprise-partners/.
2. Lee, C. (2023 May 23). Exploring the spatial computing spectrum: The next frontier of immersive technologies. AWS Spatial Computing Blog. https://aws.amazon.com/blogs/spatial/exploring-the-spatial-computing-spectrum-the-next-frontier-of-immersive-technologies/.
3. Vass, B. (2022 September 12). The best way to predict the future is to simulate it. AWS Spatial Computing Blog. https://aws.amazon.com/blogs/spatial/the-best-way-to-predict-the-future-is-to-simulate-it/.

4. Funnell, R. (2022 November 22). Can a circle of salt paralyze a self-driving car? IFLScience. https://www.iflscience.com/can-a-circle-of-salt-paralyze-a-self-driving-car-66313.
5. Christian, K. (2021 September 21). Drone delivery services halted as birds and machines clash in Canberra's air space. ABC News. https://www.abc.net.au/news/2021-09-22/territorial-ravens-disrupt-canberra-drone-deliveries/100480470.
6. Bavor, C. (2021 May 18). Project Starline: Feel like you're there, together. Google. https://blog.google/technology/research/project-starline/.
7. BNP Paribas rolls out world premiere teleportation meetings with Magic Leap & Mimesys—BNP Paribas. (2019). BNP Paribas. https://group.bnpparibas/en/press-release/bnp-paribas-rolls-world-premiere-teleportation-meetings-magic-leap-mimesys.
8. Forbes: Five Enterprise XR lessons from Lockheed. (n.d.). Scope AR. https://www.scopear.com/news/forbes-five-enterprise-xr-lessons-from-lockheed.
9. A spatial computing case study: Jabil and Magic Leap. (n.d.). https://www.jabil.com/blog/spatial-computing-case-study.html.
10. Dahlberg, N. (2019 October 22). How technology is helping those on the autism spectrum master the job interview. Miamiherald.com. https://www.miamiherald.com/living/helping-others/article236501368.html.
11. Stojanovic, M. (2021 November 2). Gamer demographics from 2023: No longer a men-only club. https://playtoday.co/blog/stats/gamer-demographics.
12. Jane McGonigal, *Reality Is Broken Why Games Make Us Better and How They Can Change the World*, Penguin Books, p. 126.
13. Statt, N. (2020 May 14). Apple confirms it bought virtual reality event startup NextVR. The Verge. https://www.theverge.com/2020/5/14/21211254/apple-confirms-nextvr-acquisition-purchase-vr-virtual-reality-

company.
14. GoT: The dead must die. (n.d.). World.magicleap.com. https://world.magicleap.com/en-us/details/com.magicleap.deadmustdie.

第 4 章　开拓性案例研究：交叉领域的领导者

1. Andy Wilson at Microsoft Research. (n.d.). Microsoft Research. Retrieved January 11, 2024, from https://www.microsoft.com/en-us/research/people/awilson/projects/.
2. DreamWalker: Substituting real-world walking experiences with a virtual reality. (2019 October 21). Microsoft Research. https://www.microsoft.com/en-us/research/video/dreamwalker-substituting-real-world-walking-experiences-with-a-virtual-reality-2/.
3. Panda, P., Nicholas, M. J., Nguyen, D., Ofek, E., Pahud, M., Rintel, S., Franco, M. G., Hinckley, K., and Lanier, J. (2023 July 1). Beyond audio: Towards a design space of headphones as a site for interaction and sensing. www.microsoft.com. https://www.microsoft.com/en-us/research/publication/beyond-audio-towards-a-design-space-of-headphones-as-a-site-for-interaction-and-sensing/.
4. Amazon Web Services. (2022 December 2). AWS re: Invent 2022—Keynote with Dr. Werner Vogels. YouTube. https://www.youtube.com/watch?v=RfvL_423a-I&t=4320s.
5. Jackson II, D., and Richards, K. (2023 October 23). Getting started with Vision Pro and AWS. AWS Spatial Computing Blog. https://aws.amazon.com/blogs/spatial/getting-started-with-vision-pro-and-aws/.
6. Dresser, S. (2023 October 18). Amazon announces 2 new ways it's using robots to assist employees and deliver for customers. About Amazon. https://www.aboutamazon.com/news/operations/amazon-introduces-new-robotics-solutions.
7. Amazon. (2022 June 21). Look back on 10 years of Amazon robotics.

About Amazon. https://www.aboutamazon.com/news/operations/10-years-of-amazon-robotics-how-robots-help-sort-packages-move-product-and-improve-safety.
8. Robotics Software Engineer, Autonomous Systems—SPG—Careers at Apple. (2022 September 16). https://jobs.apple.com/en-us/details/200425943/robotics-software-engineer-autonomous-systems-spg.
9. Ego How-To—Research—AI at Meta. (n.d.). https://ai.meta.com/research/ego-how-to/.
10. Argyle. (n.d.). www.argyle.build. Retrieved January 11, 2024, from https://www.argyle.build/.
11. How Vuforia step check improves quality with AI. (2023 May 10). PTC. https://www.ptc.com/en/resources/digital-download/vuforia-step-check-improving-quality-with-ai-enhanced-visual-inspection.
12. Lauren Kunze. (n.d.). ICONIQ AI. LinkedIn. www.linkedin.com. https://www.linkedin.com/in/lkunze/.
13. Kuki. (n.d.). Chat with me! Chat.kuki.ai. https://chat.kuki.ai/chat.
14. About. (n.d.). @Kuki_ai. https://www.kuki.ai/about.
15. Kuki_ai. Cathy Hackl talks to her Metabot "Niko." (2021 December 16). YouTube. https://www.youtube.com/watch?v=4G9RWjrlVSM.
16. Home Page. (n.d.). Sanctuary.ai. https://sanctuary.ai/.
17. Hackl, C. (n.d.). Everything you ever wanted to know about synthetic humanoid robots or synths. *Forbes*. Retrieved January 11, 2024, from https://www.forbes.com/sites/cathyhackl/2020/07/05/everything-you-ever-wanted-to-know-about-synthetic-humanoid-robots-or-synths/.
18. Tesla. (2023). Artificial intelligence & autopilot. Tesla. www.tesla.com. https://www.tesla.com/AI.
19. @Tesla. (2023 February 13). X.com. https://x.com/Tesla/status/1625222249992036354?s=20.
20. How Deere & Company is embracing AI and putting the technology

in the hands of farmers. (2023 September 6). Wqad.com. https://www.wqad.com/article/news/agriculture/how-deere-company-is-embracing-ai-and-putting-the-technology-in-the-hands-of-farmers-good-morning-quad-cities-east-moline-john-deere/526-c168e9e0-ec53-496e-99a5-e89dd2c627fb.

21. Innovation award honorees. (n.d.). www.ces.tesch. https://www.ces.tech/innovation-awards/honorees/2023/best-of/j/john-deere-autonomous-tractor.aspx.
22. Metaphysic.ai—Hyperreal content made with AI. (n.d.). https://Metaphysic.ai/. https://metaphysic.ai/.
23. Giardina, C. (2023 January 31). Tom Hanks, Robin Wright to be de-aged in Robert Zemeckis' new movie using metaphysic AI tool. The Hollywood Reporter. https://www.hollywoodreporter.com/movies/movie-news/metaphysic-ai-tom-hanks-robin-wright-deaged-robert-zemeckis-caa-1235313318/.
24. Wonder Dynamics. (n.d.). https://wonderdynamics.com.
25. Leadership development. (n.d.). Talespin. Retrieved January 11, 2024, from https://www.talespin.com/leadership-development.
26. Talespin. Where'd everybody go? The business leader's guide to the decentralized workforce. (2023 February 9). YouTube. https://www.youtube.com/watch?v=nSAKz0GXNHw&t=2s.
27. CoPilot designer—AI-powered no-code content authoring tool. (n.d.). www.talespin.com. Retrieved January 11, 2024, from https://www.talespin.com/copilot-designer?utm_source=screenspace&utm_content=lp1.
28. The invisible computing company. (n.d.). Mojo Vision. https://www.mojo.vision/.
29. The Mojo Blog: A new direction. (n.d.). Mojo Vision. https://www.mojo.vision/news/a-new-direction.

第 5 章 新时代的决策与领导力

1. Howell, E. (2017 January 24). NASA's real "Hidden Figures." Space. com. https://www.space.com/35430-real-hidden-figures.html.
2. Ellingrud, K., Sanghvi, S., Singh Dandona, G., Madgavkar, A., Chui, M., White, O., and Hasebe, P. (2023 July 26). Generative AI and the future of work in America | McKinsey. www.mckinsey.com. https://www.mckinsey.com/mgi/our-research/generative-ai-and-the-future-of-work-in-america.
3. Professional Certificate in Foresight | Technology Division at the Cullen College of Engineering. (n.d.). Dot.egr.uh.edu. https://dot.egr.uh.edu/programs/professional/fore.
4. Klemp, N.(2019 November 14). Google encourages employees to take time off to be creative: Here's how you can too, without sacrificing outcomes. Inc.com. https://www.inc.com/nate-klemp/google-encourages-employees-to-take-time-off-to-be-creative-heres-how-you-can-too-without-sacrificing-outcomes.html.
5. Tamayo, J., Doumi, L., Goel, S., Kovács-Ondrejkovic, O., and Sadun, R. (2023 September 1). Reskilling in the age of AI. *Harvard Business Review.* https://hbr.org/2023/09/reskilling-in-the-age-of-ai.
6. IDC Data Growth Predictions. (n.d.). Virstor. Retrieved January 22, 2024, from https://virstor.co.uk/idc-data-growth-predictions.
7. O'Halloran, J. (2023 October 26). Nimo Planet completes spatial computing system for hybrid work [Review of Nimo Planet completes spatial computing system for hybrid work]. ComputerWeekly.com. https://www.computerweekly.com/news/366557215/Nimo-Planet-completes-spatial-computing-system-for-hybrid-work.
8. Fortune Editors. (2023 November 1). *L'Oréal CEO explains why the 114-year-old beauty company spends a billion euro a year on tech—more than it invests in R&D* (Fortune Editors, Ed.) [Review of *L'Oréal CEO*

explains why the 114-year-old beauty company spends a billion euro a year on tech—more than it invests in R&D]. Yahoo! Finance. https://finance.yahoo.com/news/l-al-ceo-explains-why-200003978.html.

9. Esposito, A. (2023 June 7). Sensory enabling technologies are radically reshaping the future of digital retail. Retail TouchPoints. https://www.retailtouchpoints.com/topics/retail-innovation/sensory-enabling-technologies-digital-retail.

第 6 章　用户体验革命

1. Adobe Experience Cloud Team. (2023 August 10). Customer experience—what it is, why it's important, and how to deliver it. Adobe Experience Cloud. https://business.adobe.com/blog/basics/customer-experience.

2. Adobe Experience Cloud Team. (2021 August 19). User Experience (UX). Adobe Experience Cloud. https://business.adobe.com/blog/basics/user-experience.

3. TechMagic. (n.d.). Adweek. https://www.adweek.com/podcasts/techmagic/.

4. Nast, C. (2023 December 12). "Gamified" virtual stores target new generation of consumer. Vogue Business. https://www.voguebusiness.com/story/technology/gamified-virtual-stores-target-new-generation-of-consumer.

5. Deloitte. (2023). While we wait for the metaverse to materialize, young people are already there. Deloitte Insights. https://www.deloitte.com/us/en/insights/industry/technology/gen-z-and-millennials-are-metaverse-early-adopters.html.

6. Hackl, C. (2023 November 29). TechMagic Podcast: Lego x Fortnite and the godmothers of AI. Adweek. https://www.adweek.com/media/techmagic-podcast-lego-x-fortnite-and-the-godmothers-of-ai/.